溶胶粒子
在铝、镁合金微弧氧化中的
作用机制

唐明奇 著

内 容 提 要

本书在介绍微弧氧化机理、溶液组成、工艺参数优化及膜层性能等方面研究进展的基础上，重点介绍了铝合金微弧氧化工艺参数的优化过程，探讨了溶液中溶胶粒子对铝合金和镁合金的微弧氧化过程、膜层结构及性能的影响，分析了溶胶粒子参与氧化成膜机制。

本书对从事微弧氧化技术研究人员有很好的参考价值，也可供从事铝、镁合金表面处理技术人员及高等院校相关专业师生参考阅读。

图书在版编目（CIP）数据

溶胶粒子在铝、镁合金微弧氧化中的作用机制 / 唐明奇著. -- 北京 : 中国水利水电出版社, 2017.11
ISBN 978-7-5170-6124-3

Ⅰ. ①溶… Ⅱ. ①唐… Ⅲ. ①溶胶－作用－铝合金－金属表面处理②溶胶－作用－镁合金－金属表面处理 Ⅳ. ①TG146.2②TG17

中国版本图书馆CIP数据核字(2017)第306136号

书　　名	**溶胶粒子在铝、镁合金微弧氧化中的作用机制** RONGJIAO LIZI ZAI LÜ、MEI HEJIN WEIHU YANGHUA ZHONG DE ZUOYONG JIZHI
作　　者	唐明奇　著
出版发行	中国水利水电出版社 （北京市海淀区玉渊潭南路1号D座　100038） 网址：www.waterpub.com.cn E-mail：sales@waterpub.com.cn 电话：（010）68367658（营销中心）
经　　售	北京科水图书销售中心（零售） 电话：（010）88383994、63202643、68545874 全国各地新华书店和相关出版物销售网点
排　　版	中国水利水电出版社微机排版中心
印　　刷	虎彩印艺股份有限公司
规　　格	184mm×260mm　16开本　8.5印张　202千字
版　　次	2017年11月第1版　2017年11月第1次印刷
印　　数	001—500册
定　　价	**50.00**元

前言

微弧氧化技术能够在铝、镁等合金表面获得具有优良物理、化学性能的氧化膜，但是该技术存在能耗高、成膜效率低等缺点。微弧氧化过程中基体熔融物和溶液组分进入放电通道，发生一系列的等离子物理化学反应，这一过程被认为是形成微弧氧化膜的关键步骤，决定了氧化膜的成分和结构。微弧氧化溶液的组成对成膜速率、膜层结构及性能都起着决定性的作用。因此，开发新型的微弧溶液及添加剂提高成膜效率、改善膜层结构、提高膜层性能对促进微弧氧化技术的应用具有重要的意义。

本书针对适用于铝、镁合金微弧氧化处理溶液展开研究。首先，对铝合金微弧氧化溶液的组成和电参数进行优化；其次，在优化后溶液组分基础上将预先制备好的钛溶胶和锆溶胶分别加入到溶液中，研究溶胶含量对膜层及基材力学性能的影响，探讨了溶胶对铝合金微弧氧化的影响机制；最后，利用 Zr^{4+} 和 Ti^{4+} 容易发生水解生成 $Zr(OH)_4$ 和 $Ti(OH)_4$ 胶体粒子的特点，通过微弧氧化溶液组分的设计，将水溶性锆酸盐和钛酸盐引入，利用各组分之间的相互作用，在铝合金和镁合金的微弧氧化溶液中原位生成钛或锆溶胶粒子，探讨了原位产生的溶胶粒子对铝合金和镁合金微弧氧化过程、膜层结构及性能的影响。

通过正交试验得到了优化的微弧氧化溶液组成为30g/L的 Na_2SiO_3、20g/L的 $(NaPO_3)_6$、8g/L的NaOH、10g/L的 $Na_2B_4O_7$、2g/L的 Na_2MoO_4 及2g/L的 Na_2EDTA；电参数为电流密度 $10A/dm^2$、频率200Hz、占空比15%。随着氧化电压的增加，氧化膜厚度增加，膜层显微硬度增加，疏松层厚度的增加致使膜层的耐磨性降低。随着电流密度的增加，微弧氧化膜的厚度及硬度均增加，疏松层厚度增加使膜层的耐磨性变差。

由于溶胶粒子在溶液表面吸附有负电荷，在微弧氧化过程中向阳极迁移，在阳极表面吸附和聚集，加快了初期电压的增加速度，并且能够进入放电火花形成的放电通道，参与氧化成膜反应，成为膜层的组成物。在含钛溶胶的溶液中制备的膜层中含有以 Al_2TiO_5 和TiO相出现的Ti元素，获得的氧化膜层的颜色随氧化时间增加由灰色变为黑色，并且膜层的厚度及Ti在膜层中的含量随着钛溶胶加入量的增加而增加；微弧氧化膜表面的孔洞直径和数量也由于钛溶胶的加入而增加；在钛溶胶含量为6vol.%时，获得的氧化膜层耐磨性和耐腐蚀性优异，但是微弧氧化处理降低了基材的抗拉强度和疲劳性能。在含锆溶胶的溶液中制备的氧化膜层含有Zr，且以纳米t-ZrO_2形式存在，锆溶胶含量为10vol.%时氧化成膜速度明显提高。

以锆酸盐和钛酸盐形式加入的氧化溶液中，通过生成的锆、钛溶胶粒子使铝合金微弧氧化成膜速度明显增加，影响膜层的形貌、成分、相组成及性能。含有锆酸盐的溶液中由于水解产生了锆溶胶粒子，并且溶胶粒子参与氧化成膜，膜层中出现了t-ZrO_2纳米颗粒，使膜层的致密性和耐磨性得到了明显的提高，但是降低了基材的抗拉强度和疲劳性能；在含有钛酸盐的溶液中能够得到黑色的微弧氧化膜，在膜层中检测到了Ti元素的存在；钛酸盐的加入使膜层中$\alpha-Al_2O_3$含量增加，提高了膜层的耐腐蚀性和耐磨性。锆酸盐和钛酸盐水解产生的溶胶粒子增加了成膜速度、改善了膜层结构，另外它们提供的阴离子有利于膜层致密度的提高。

在镁合金磷酸盐体系的微弧氧化溶液中加入钛酸盐，考察了其含量对微弧氧化膜的形貌、结构和性能的影响。随着钛酸盐含量的增加，成膜速度加快，表面Ti和F的含量增加，膜层中出现Mg_2TiO_4、Mg_2PO_4F、MgF_2和锐钛矿TiO_2相，其耐腐蚀性也发生相应的变化，在钛酸盐含量为8g/L膜层表现较好的耐腐蚀性；在钛酸盐含量为8g/L的溶液中研究了电流密度对膜层厚度、成分结构及耐腐蚀性能的影响。

作者衷心希望本书能对广大从事微弧氧化研究、生产和应用的工程技术人员、高等院校师生有所启发和帮助。本书的出版得到了国家自然科学基金（编号51301070）和河南省高校青年骨干教师项目（编号2015GGJS-106）的资助。

由于作者水平有限，书中错漏之处敬请读者批评指正。

作者

2017年10月

目　录

第1章 引 言

微弧氧化（MicroArc Oxidation，MAO）也称为等离子电解氧化（Plasma Electrolytic Oxidation，PEO）、阳极火花沉积、火花放电阳极氧化等，是在普通阳极氧化的基础上发展起来的一种适用于铝、镁、钛、锆等阀金属的一种表面处理技术[1,2]。微弧氧化技术与阳极氧化在机理、工艺以及所制备氧化膜层的性能上都有许多不同之处。微弧氧化的基本原理是将普通阳极氧化从法拉第区引入高压放电区，通过高压产生弧光放电，利用弧光放电产生的瞬间高温高压，在阳极表面形成一层包含有基体氧化物和溶液组分的类似于陶瓷结构，并与基体呈冶金结合的氧化膜层。

与其他传统的表面改性处理方法相比，微弧氧化技术具有许多突出的优点，主要表现如下。

（1）膜层中含有高温转变相，如 $\alpha-Al_2O_3$，膜层中孔隙率低，且为盲性微孔，使氧化膜具有高的硬度、耐磨性、耐腐蚀性，与基体呈冶金结合，结合强度高，不易脱落。

（2）处理能力强且处理过程中无需保护气氛或真空条件，所需设备少、工艺流程简单、操作方便，适用于工业化连续生产。

（3）氧化电解溶液大多采用主要由磷酸盐、硅酸盐等组成的弱碱性溶液，不含有毒物质和重金属元素，抗污染能力强，并且可以重复使用，因而对环境污染小，可满足优质清洁生产的需要。

（4）对待处理零件表面形状无特殊要求，能够处理形状复杂的零件，可以同时处理零件的内、外表面，膜层的厚度可控。

（5）溶液工作温度可在较宽温度范围内变化，溶液温度对膜特性的影响比阳极氧化小得多，而阳极氧化要求处理液温度较低，特别是硬质阳极氧化对处理液温度要求更为严格。

（6）生产效率高。微弧氧化技术依靠物理、化学作用在基体表面形成氧化膜，单位时间里的成膜速度比传统工艺要快几倍，可以有效地增加膜的厚度。

（7）适应性宽。除铝、镁、钛等之外，还可用于锆、钽、铌等金属及其合金的表面处理。

利用微弧氧化溶液组分参与成膜的特点，通过改变溶液成分、调整工艺参数，可以制备出具有不同化学成分、晶体结构类型及性能的氧化膜层，从而满足零件不同使用条件的要求。微弧氧化处理可以极大地提高铝、镁、钛等金属材料表面的硬度、耐磨损、耐腐蚀、耐压绝缘及抗高温冲击等特性，获得色彩均匀的装饰性膜层，还可以获得具有隔热、防菌、催化以及生物相容性等具有不同功能性的膜层。由于具有如此多的卓越性能，微弧氧化已成为表面处理技术领域的研究热点之一，其在军工、航空航天、机械、纺织、汽车、电子、医疗、装饰等诸多领域都具有广阔的应用前景。

第 2 章　国内外研究现状

随着科学技术的发展，对材料表面的要求越来越苛刻，特别是金属的表面在许多场合需要具有良好的抗磨、耐腐蚀性能。由于陶瓷材料熔点高、强度和硬度高、抗摩擦磨损性能好、高温化学稳定性和热稳定性好，故采取在金属表面包覆一层陶瓷材料，可以使其满足在许多场合下的需要。目前，在金属及其合金表面制备陶瓷膜层的方法主要有等离子喷涂、热喷涂、激光熔覆等。作为一种新的表面处理技术，微弧氧化是在阳极上施加强电场，利用高压击穿阳极表面氧化膜出现的火花放电，使基体局部微区产生高温和高压，导致该区的基体熔融，并与电解液产生等离子体相互作用而被氧化和重新凝固，从而在阳极表面形成陶瓷膜层[1]。

2.1　微弧氧化技术的发展历程

20 世纪 30 年代初期，Gnierschulze 和 Betz 第一次报道了在高电场下，浸在液体中的金属表面出现火花放电现象，但是当时认为火花对氧化膜具有破坏作用。20 世纪 60 年代，McNiell 和 Gruss 利用火花放电现象在含有铌的溶液中在镉（Cd）阳极上沉积了铌酸镉，打破了人们对火花放电有害膜层性能的认识，使人们重新审视火花放电现象。到了 70 年代，Markov 等研究了火花放电条件下在铝阳极表面形成的氧化物，进一步正确地认识了这种火花放电现象，并利用此火花放电技术制备出了对基体具有保护作用的氧化膜，并把该技术称为微弧氧化或微等离子体氧化。80 年代，俄罗斯和德国的科学家相继报道了利用表面放电的方法在不同金属基体上形成了氧化膜。与此同时，美国也开始研究这项技术，并报道了微弧氧化技术在军事、纺织和航空等领域的应用。90 年代后，世界各国都加快了微弧氧化技术的研究工作[3]。

从 20 世纪 90 年代开始，我国也进行微弧氧化技术的研究工作。北京师范大学低能核物理研究所薛文彬等和西安理工大学蒋百灵教授等较早开展这方面的研究，他们对铝、镁合金表面微弧氧化膜的形成过程、氧化过程中能量交换、形貌结构、膜层性能以及微弧氧化技术的应用都进行了深入的研究和探索，并且开发出了具有世界先进水平的微弧氧化设备及配套工艺。进入 2000 年之后，哈尔滨工业大学、北京航空材料研究院、北京有色金属研究总院、华中科技大学、中国科学院、华南理工大学、内蒙古工业大学、北京航空航天大学等单位相继开展微弧氧化技术的研究。除了进行通常归类为阀金属的铝、镁、钛、锆等材料的微弧氧化处理研究，也进行了钢铁材料微弧氧化处理技术的探索，并取得了一定的成果[4-6]。

2.2　微弧氧化成膜过程

微弧氧化成膜过程包含有物理、化学、电化学、等离子物理化学、热分解、熔化、结

晶等复杂的物理化学过程[1]。

Yerokhin[1]认为，微弧氧化过程开始后，首先发生的是电解，两极的表面都会出现大量气泡；同时伴随着阳极的溶解并在其表面形成钝化膜（氧化膜），如图 2.2.1 所示。电极表面被击穿的介质包括电极表面钝化膜（氧化膜）和气体膜两种，图 2.2.2 所示为钝化膜和气体膜击穿过程的电压-电流曲线。图中的曲线 a 代表在阳极或阴极表面释放气体过程中金属-溶液系统中电流与电压的变化关系；曲线 b 代表有氧化膜出现时电流与电压的变化关系。

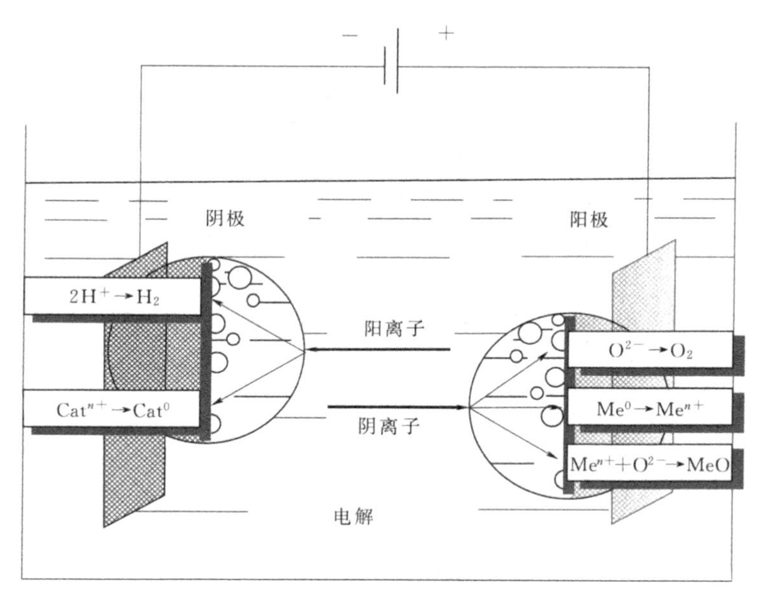

图 2.2.1 溶液中电极过程[1]

对于气体击穿过程，当电压较低时，电压随电流线性增长，电极过程动力学符合法拉第定律，电压-电流变化符合欧姆定律。这个阶段对应于图 2.2.2 中曲线 a 中 $O-U_1$ 段。电压超过 U_1 后，阳极表面逐渐被气膜包围，到 U_2 时在阳极表面形成连续的气膜。由于气体导电能力低，使得电流降低，在气膜上产生很大的电压降，电场强度达到 $10^6 \sim 10^8$ V/m，气体电离产生等离子体，即气体被击穿。被击穿后的气体的导电性增大，电流上升。在电压升高到 U_2 之后，将会产生强烈的弧光放电。

对于阳极表面氧化膜的击穿过程，在电压较低时，即图 2.2.2 中曲线 b 中 $O-U_4$ 段，这一阶段也符合欧姆定律，电压随电流线性增长。这一阶段是阳极氧化膜的生成过程。在 U_4-U_5 段，生成的氧化膜呈多孔结构，膜层上出现高的压降。电压继续升高至 U_5，超过临界击穿电压，氧化膜被击穿，出现火花放电现象。在这一阶段，阳极表面出现快速游动的小火花，使氧化膜层连续生长。电弧电压升高至 U_6 时，阳极表面的放电火花变大，放电电弧的移动速度也变慢。在这一阶段，由于微弧放电的高温作用，使氧化膜局部熔化，并与溶液中的部分元素结合而形成化合物。当电压超过 U_7 时，将进入弧光放电阶段，导致微弧氧化膜产生热破裂而被破坏。

对微弧氧化过程的研究，一般情况是保持氧化过程中电流密度不变，研究电压随时间

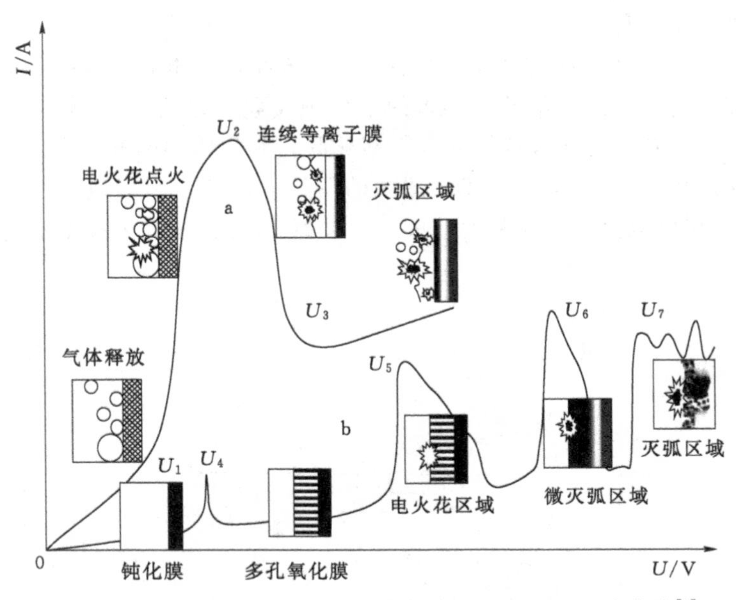

图 2.2.2　微弧氧化过程中出现放电时的两种电压-电流曲线[1]

的变化特点，根据微弧氧化过程中电压-时间变化规律，一般分为 3 个或 4 个阶段，图 2.2.3 所示为典型的微弧氧化过程中时间-电压变化曲线[7-9]。

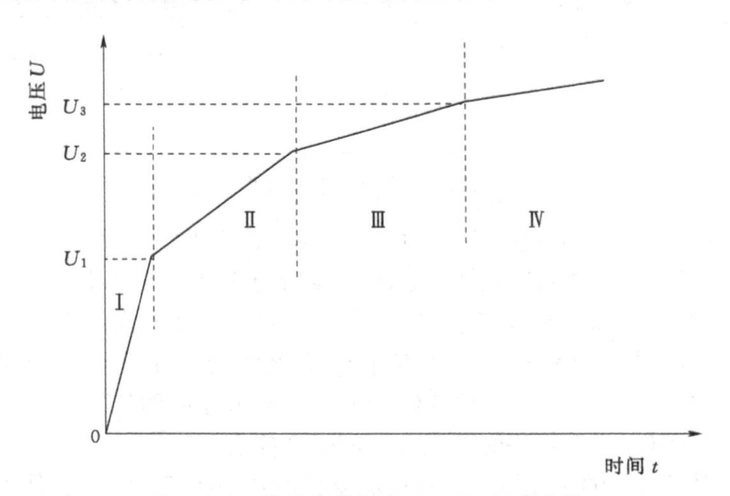

图 2.2.3　微弧氧化过程中电压-时间曲线

第 1 阶段为普通阳极氧化阶段（如图中Ⅰ区），在这一阶段电解槽的电压-电流符合欧姆定律。阳极表面形成一层氧化膜（钝化膜），随着时间增加，氧化膜厚度增加，电压升高；阳极表面同时有大量的气体析出，此阶段试样表面没有火花产生，与普通阳极氧化过程相同，阳极表面形成了多孔的氧化膜。第 2 阶段为火花放电阶段（如图中Ⅱ区），出现火花时电压的数值不仅与阳极材料的种类、合金元素的含量有关，还与微弧氧化溶液的组成、浓度、温度、pH 值以及电参数等许多因素有关。随着电压的升高，之前形成的多孔氧化膜被击穿，阳极表面出现快速移动、遍布整个试样表面的白色小火花。第 3 阶段为微

弧放电阶段（如图中Ⅲ区），这一阶段电压上升速率相对前一阶段减小。虽然也有许多小的黄色或橘色的放电火花在阳极表面上游走，但是速度降低；伴随有弧光和放电的爆鸣声，阳极表面上形成一层具有陶瓷特征的氧化膜。随着时间增加，电压升高，膜层增厚，同时膜层结构发生很大的变化；试样表面由小火花开始变成大火花，火花在金属表面移动的速度开始减缓，同时膜层生长趋于缓慢。第4阶段为弧光放电阶段（如图中Ⅳ区），随着微弧氧化过程的持续，火花体积逐渐增大、数量较少，火花移动速度减弱，停留时间长，氧化过程进入弧光放电阶段。在这一阶段膜层表面熔化体积增大，能够促进氧化膜硬度的提高。但是由于强烈的大火花放电和膜层内应力的提高，引起膜层的爆裂和烧蚀，使膜层表面形貌遭到破坏，形成小坑和较大的裂纹，增加了膜层的粗糙度，降低了膜层致密性和电绝缘性能等性能。工作电压持续升高到超过某一数值后，放电电弧的颜色变为红色，发出尖锐的爆鸣声；并且这些弧点几乎不再移动，停留于固定的位置连续放电，导致氧化膜剥落而发生破坏。

2.3 微弧氧化技术研究现状

微弧氧化技术自出现至今已有超过50年的历史，在此期间，世界各国的研究工作者进行了不断的探索，研究微弧氧化过程中的放电现象、膜层的形成过程及其机理，影响膜层厚度、微观形貌、成分及相组成的因素，影响膜层耐磨、耐腐蚀等性能的关键，从而根据应用需要制备满足不同需求的微弧氧化膜层。总的说来，目前广大科技工作者针对微弧氧化技术的研究主要集中在新型微弧氧化电源的开发、微弧工艺参数（包括溶液组成、电参数等）的影响机制、膜层的各种性能及微弧氧化成膜机理等几个方面。

2.3.1 微弧氧化电源

一直以来，电源都是微弧氧化技术不可或缺的关键设备，直接影响微弧氧化膜层的性能。随着微弧氧化技术的工业化应用，通过电源特性的改进，优化电源参数来降低能耗以及提高微弧氧化膜层性能成为微弧氧化技术的一个研究热点。

最早的微弧氧化电源是直流电源，其制备的微弧氧化膜层厚度较薄，并且硬度不高。由于直流电源只能调节输出的电流或者电压，控制比较简单，因而对膜层的调整作用很小，在这种模式下很难得到厚而致密的氧化膜层，往往需要对膜层进行后处理。

随后出现了交流电源以及在其基础上发展的不对称交流电源，使用不对称交流电源获得的微弧氧化膜性能比直流电源和交流电源具有更明显的优势[3,10,11]。不对称交流电源输出的交流电频率、正向和负向交流电的幅值可以独立调节，增强了对膜层形成过程的控制能力。

由于脉冲电压具有的“针尖”作用，使局部火花放电面积大幅度下降，表面微孔相互重叠在一起，从而可以获得均匀致密的微弧氧化膜，因此单极性脉冲电源取代直流电源、交流电源获得了广泛的应用。之后，研究人员又发现负向脉冲电压对提高微弧氧化膜的性能也有着重要的影响[12-14]，又出现了具有正、负向脉冲输出的变极性脉冲微弧氧化电源。目前，广泛应用的大都为双极性不对称脉冲电源，这类电源的正向、负向脉冲幅值、频率、占空比等均可调，对优化工艺参数、提高膜层性能十分有利[10]。使用这种电源，在微弧氧化过程中还可以设定正、负脉冲的个数比例，利用峰值较大的正脉冲对工件进行微弧氧化，利用峰值较小的负脉冲对工件表面疏松的氧化膜进行去除，使表面变得更光滑、更致密，从而得到质量较好的微弧氧化膜[12-16]。

除了电源模式，电源的控制方式对微弧氧化膜层性能及能量消耗也有着重要的影响。目前常用的为双向脉冲微弧氧化电源，其控制方式有恒流控制和恒压控制两种。恒流控制方式一般又有两种类型，即单向恒流脉冲电源和双向恒流脉冲电源。采用单向恒流脉冲方式时，电源只输出单向的阳极电流，并且电流是间歇性的，一个电流脉冲包括一个通电时间和一个间歇时间。双向恒流脉冲与单向恒流脉冲控制方式的区别在于电源在阳极有电流输出，还会有反向的阴极电流输出。研究表明，利用双向脉冲微弧氧化电源能够获得致密、高硬度、高耐蚀性和低摩擦系数的膜层，尤其是加入的负脉冲能中和绝缘膜层上的电荷积累，从而使微弧氧化过程更加平稳，提高了膜层的生长速度[17]。在恒流控制方式下，微弧氧化过程中的有效电流值保持恒定，随着氧化过程的进行，阳极表面逐渐形成氧化膜引起电压随着时间的增加而逐渐增加。在此控制方式下，制备的氧化膜层厚度与氧化处理时间基本呈线性关系，膜层的厚度可利用氧化处理时间的大小进行控制[18,19]。采用恒压方式控制时，开始阶段电流很大，之后电流逐渐减小，膜层厚度与时间呈指数关系。

研究人员综合控制方式对成膜速度、膜层性能及能耗等的影响，提出了恒流和恒压结合的控制方式、正脉冲的分级式控制、氧化后期增加频率降低占空比等方式[20-22]。微弧氧化过程中总的能量利用率可以归结为单个脉冲的能量利用率，脉冲无益于膜层生长的多余能量消耗是导致工艺能耗高、膜层性能和质量下降的主要因素[10]。杨威[10]基于反激变换，设计了一种多电流脉冲单元组合结构的微弧氧化电源，具有正、负向脉冲的输出，并且脉冲能量是可控的具有陡直前沿的尖峰，有效提高了脉冲作用的效能。

蒋百灵等用击穿瞬间的脉冲能量递增和递减速率概念替代击穿电压理论作为控制系统的设计指导思想，从而使微弧氧化过程所需电流密度由15A/dm^{2}减少至0.7A/dm^{2}以下，并依据陶瓷层生长过程中负载特性将由纯阻型向阻容复合型转变的特点，通过智能型自识别系统使能速在1×10^2（IV）c/s到2×10^5（IV）c/s之间可调，以满足不同材质和应用背景的能速要求。通过微机控制，使电压、电流、能级、频级4个变量在任意确定的时间内进行不同自由组合，研制出了在计算机控制下自动调节的低能耗、大面积微弧氧化处理设备[23]。

杨凯等[24]从脉冲能量控制角度，在传统的两级逆变电路结构基础上，增加了阻抗匹配电路，设计了一种逆变式高频窄脉冲微弧氧化电源，实现了变极性模式下回路及负载中能量的快速释放与存储。实验结果表明，通过提高电源输出脉冲频率（最高20kHz）及减小脉冲宽度（最窄20μs），可实现对脉冲能量的精密控制和提高系统的能量利用率，高频窄脉冲处理模式获得的膜层表面孔隙率和表面粗糙度更低。

2.3.2　微弧氧化溶液

尽管相对于电沉积、阳极氧化及硬质氧化等其他表面处理工艺，微弧氧化对溶液成分的要求不是很严格，但是制备具有优良性能的微弧氧化膜层依然需要基材、微弧氧化溶液

以及电参数之间的良好匹配。从微弧氧化技术出现至今，国内外研究人员对微弧氧化溶液配方的探索与研究从来就没有停止过，但是出于保密的考虑，溶液中电解质的组成与配比大都不完全公开。从相关研究成果看，微弧氧化所采用的溶液既有酸性又有碱性。由于酸性溶液常用浓硫酸、磷酸和其相应的盐溶液，对环境影响较大，现已经很少被采用。目前，微弧氧化大多采用对环境影响较小的碱性溶液，这也是微弧氧化与阳极氧化、硬质氧化相比的优势之一。常用的碱性溶液体系主要有硅酸盐、磷酸盐、铝酸盐体系及其组合体系。Yerokhin 等在文献［25，26］中比较详细地论述了微弧氧化过程中氧化物相的形成过程以及不同阶段的能量利用率问题，并提出了图 2.3.1 所示的模型，他们认为微弧氧化的电击穿分三步进行。①由于氧化膜某些区域的电导率提高，使其绝缘稳定性丧失，从而使放电通道在氧化膜中形成。然后，该区域被电子雪崩产生的大电流加热到约 10^4K，由于强电场（约 10^6V/m 量级）的作用，溶液中的阴离子被注入放电通道中，同时由于高温的作用，熔融的铝及其合金从基体上脱离后进入放电通道。在这些过程的作用下，导致在放电通道中形成等离子体柱（或等离子体团）。②在通道中发生等离子体化学反应，导致通道中的压力增加，为了保持平衡，等离子体柱的体积则相应变大。与此同时，由于电场的作用，带相反电荷的离子（阳离子）也出现在导电通道之中，由于静电力的作用，这些阳离子从通道中被注入溶液。③放电通道被周围溶液冷却，反应产物沉积在放电通道的内壁上，形成微弧氧化膜层。L. O. Snizhko 等[26]研究了不同浓度 KOH 电解液中氧化成膜不同阶段的能量利用率，发现能量的利用率在不同阶段不同，并且其大小和溶液的浓度有很大关系。以上研究都说明，决定微弧氧化膜性能的成分、结构以及膜层成膜效率等都与所用溶液成分有很大的关系。

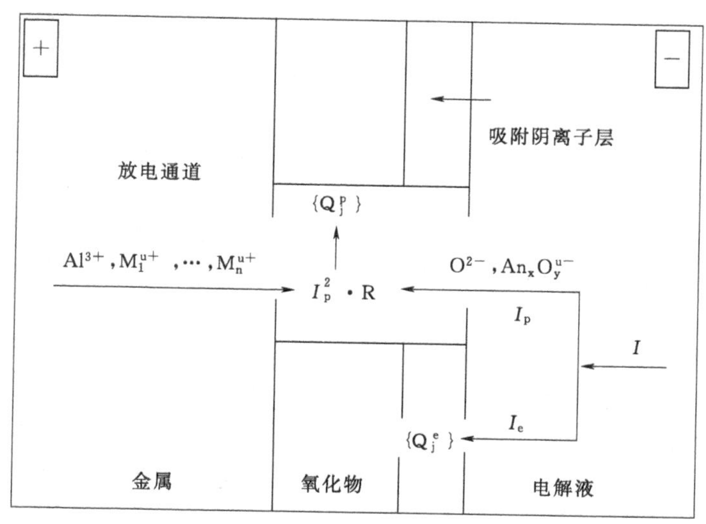

图 2.3.1 微弧氧化过程中的电流在金属/氧化物/溶液系统中的分布

在不同体系的微弧氧化溶液中，铝合金表面微弧氧化膜的生长速率、膜层结构、成分和性能都有所不同[27-30]。微弧氧化溶液的组成不仅对铝合金微弧氧化陶瓷膜层性能有着重要影响，而且关系着微弧氧化成膜的能量消耗，其对微弧氧化工艺的推广有着重要的影响。从对于微弧氧化膜层相组成贡献的角度，溶液的组分可以分为以下几类。

(1) 提供进入膜层中氧元素的一些电解质，如 NaOH、KOH、Na_2CO_3、K_2CO_3 等。

(2) 包含有阴离子组分，提供其他进入膜层的元素，如 K_2SiO_3、Na_2SiO_3、Na_2AlO_4、Na_3PO_4、$(NaPO_3)_6$ 等。

(3) 包含有阳离子组分，提供其他进入膜层的元素，如 Na_2WO_4、K_2ZrF_6、K_2TiF_6、$NaVO_3$、Na_2MoO_4 等。

(4) 溶液中的宏观粒子，这些宏观粒子能够参与成膜，有助于膜层形成并改变膜层结构，如石墨、ZrO_2、Al_2O_3、SiO_2、ZrO_2、SiC 等。

目前，对微弧氧化溶液组分的研究大多集中在添加剂上，溶液中含量很少的添加剂往往对膜层产生极大的影响。这是因为在碱性溶液中，阳极反应生成的金属离子、阴离子团和其他的电解质金属离子，如钨酸盐[31-33]、锆酸盐[34,35]、硼酸盐[36]、钒酸盐[37]、钛酸盐[38,39]等，很容易以带负电的胶体粒子进入微弧氧化膜，调整和改变了微弧氧化膜的微观结构，在提高氧化膜层性能的同时赋予其特殊的性能。

2.3.3 微弧氧化膜层性能

微弧氧化膜具有高的耐腐蚀性、耐磨性以及绝缘性、隔热性等特点。针对不同的基材及使用要求，制备的微弧氧化膜应满足的性能要求也有差异。由于镁合金的耐蚀性比较差，因此人们对镁合金微弧氧化膜的研究主要集中在其耐腐蚀性的提高上，而对于铝合金和钛合金主要集中在膜层的耐磨性和耐腐蚀性的提高。

微弧氧化膜耐腐蚀性的检验最为有效的办法是盐雾试验，但是这种方法的试验周期比较长、成本高。因此，目前研究人员大多采用电化学法[36-39]和点滴法[44,45]来进行微弧氧化膜耐蚀性的快速评价。微弧氧化膜的厚度、致密度、成分及结构对其耐腐蚀性能都会产生影响[46-48]，而微弧氧化溶液组成、电参数、氧化处理时间以及基材都会对膜层的这些特性产生影响。因此，对镁合金微弧氧化膜的耐腐蚀性研究主要集中在以上几个方面。目前，得到的镁合金微弧氧化膜层主要构成物为 MgO 和其他包含电解液的组分，如 Mg_2SiO_4、Mg_2AlO_4、MgF_2、$Mg_3(PO_4)_2$、Mg_2ZrO_5、ZrO_2 或 TiO_2 等[49-54]。MgO 的化学稳定性比较差，在潮湿和酸性环境下 MgO 极易发生潮解吸水，转变为 $Mg(OH)_2$，这就使膜层不能对基体形成长久，有效的保护，因此通过微弧氧化溶液的研究来制备更加稳定的微弧氧化膜十分必要[55]。

微弧氧化膜结合金属与陶瓷的优点，具有高的硬度，同基体相比，有着优异的耐磨性能，能够使磨损量大幅度下降。和耐腐蚀性能一样，微弧氧化膜的耐磨性同样受膜层的厚度、致密性、成分以及结构的影响[56-59]。对铝合金而言，微弧氧化膜层中的主要成分为 $\gamma-Al_2O_3$ 和 $\alpha-Al_2O_3$。$\alpha-Al_2O_3$ 硬度高，其含量对膜层的耐磨性起决定性的作用，但是生成 $\alpha-Al_2O_3$ 相需要消耗大量的能量[2,26,60]。$\alpha-Al_2O_3$ 脆性大，如果膜层在使用过程中受到冲击，容易发生脆性破坏，产生的颗粒会加剧磨损。通过膜层结构的设计，利用溶液组分的调整、电参数的优化、添加剂的使用以及膜层的后续处理，制备具有自润滑特性的复合膜层，以及改善膜层脆性是目前研究的重要方向[58,61-66]。

微弧氧化膜的其他性能，如隔热性、光催化性及绝缘性，也都与膜的厚度、结构、成分等有关[56,67-73]。因此，研究微弧氧化溶液组成、优化电参数是实现氧化膜层功能性的途

径之一。

因此，可以根据不同的应用需要，研究和开发新型的微弧氧化溶液和添加剂，实现膜层宏观和微观结构的可控是微弧氧化技术的一个重要研究方向。

2.3.4 微弧氧化成膜机理

自微弧氧化技术问世以来，人们对微弧氧化机理的研究一直没有停止过，并相继提出了定性热作用机理和机械作用机理，定量"电子雪崩"的理论试图解释微弧氧化放电现象及微弧氧化氧化膜的形成机理。

20 世纪 70 年代初，Vijh[74] 和 Yahalon 阐述了产生火花放电的原因。他们认为，在火花放电的同时伴随着剧烈的析氧，而析氧反应的完成主要是通过"电子雪崩"这一途径来实现的。雪崩后产生的电子被注射到氧化膜/电解质的界面上引起膜的击穿，产生等离子放电，图 2.3.2 所示为电子雪崩模型。1977 年，T. B. Van 等[75]进一步研究了火花放电的整个过程，精确地测定了每次放电时电流密度的大小、放电持续的时间以及放电时产生的能量。

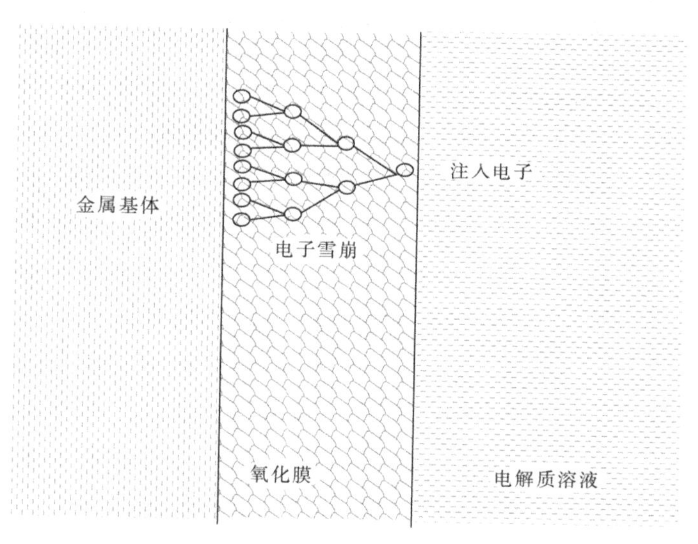

图 2.3.2 电子雪崩模型

1977 年，Ikonopisov[76,77]在总结前人和自己研究成果的基础上指出，氧化过程中离子电流只是保持膜层的不断增厚，对电击穿不直接起作用；电子电流以漏电流的形式存在，对膜层生长不起作用，但会引起电击穿。漏电流的产生，主要是由于膜层微裂纹、杂质离子掺入或基体本身的微量合金元素造成的。Ikonopisov 以 Shottky 的电子隧道效应机理解释电子是如何被注入氧化膜的导电带中，从而产生火花放电的；同时，Ikonopisov[78]还首次提出了膜的击穿电压的概念，并指出击穿电压主要取决于基体金属性质、溶液的组成以及溶液的导电性，而电流密度、电极形状以及升压方式的因素对击穿电压电位的影响较小。根据其理论得到的一般方程式为

$$U_B = \varepsilon_m[\ln j_B - \ln j_e(0)]/r_e \tag{2.3.1}$$

式中 U_B——膜的击穿电压；

ε_m——电子被加速后拥有的能量；

$j_e(0)$——膜/溶液界面处的雪崩电子电流密度；

j_B——发生电击穿时的临界电子电流密度；

r_e——系数。

若将低电场强度条件下 $j_e(0)$ 与 E（场强）、T（温度）、M（基体金属）、ξ（溶液组成）、ρ（电阻率）之间的定量关系推广到高场强条件下使用，则可以得到 U 与 T、ρ 之间的定量关系分别为

$$U_B = \alpha_B + \beta_B / T \tag{2.3.2}$$

式中 α_B、β_B——系数。

$$U_B = a_B + b_B \lg\rho \tag{2.3.3}$$

式中 a_B、b_B——系数。

以上两式能较好地定量解释前人的研究成果和许多实验现象，因此，Ikonopisov 理论模型得到了广泛的认同，成为目前解释电击穿现象的有力的理论依据。

1984 年，Albella[79] 在前人的基础上，提出放电的高能电子来源于进入氧化膜的电解质的观点。电解质粒子进入氧化膜后，形成杂质放电中心，产生等离子体放电，使氧离子、电解质离子与基体金属强烈结合，同时放出大量的热，使形成的氧化膜在基体表面熔融、烧结，形成具有陶瓷结构的膜层。与此同时，Albella 还进一步完善了 Ikonopisov 的理论模型，提出了 U_B 与电解质浓度以及膜厚度与电压间的关系，即

$$U_B = E/a[\ln(Z/a\eta) - b\ln C] \tag{2.3.4}$$

式中 U_B——击穿电压；

E——电场强度；

a、b——常数；

Z、η——系数，$0 < Z$，$\eta < 1$；

C——电解质浓度。

$$d = d_j \exp[K(U - U_B)] \tag{2.3.5}$$

式中 d——膜层厚度；

d_j、K——常数；

U——最终成膜电压；

U_B——击穿电压。

Yerokhin 等[80] 用数码照相技术，研究了微弧氧化过程中阳极-溶液界面放电火花的尺寸特性和它们在氧化过程中的整体行为。认为介质击穿和孔内放电模型不能解释微弧放电现象的空间、时间及电特性。为此，他们基于接触辉光放电电解提出了新的模型，如图 2.3.3 所示。认为在氧化物-溶液界面的气体介质中可能产生自由电子和辉光放电，从而导致内层氧化物被加热、熔化和冷淬。

鉴于微弧放电过程是一个包含化学与电化学过程以及光、电、热以及高压等共同作用的复杂行为，理论研究十分困难，到目前为止，仍没有一种理论模型能定量、圆满地解释所有的实验现象，因此，对微弧氧化机理的研究仍需进一步的探索。

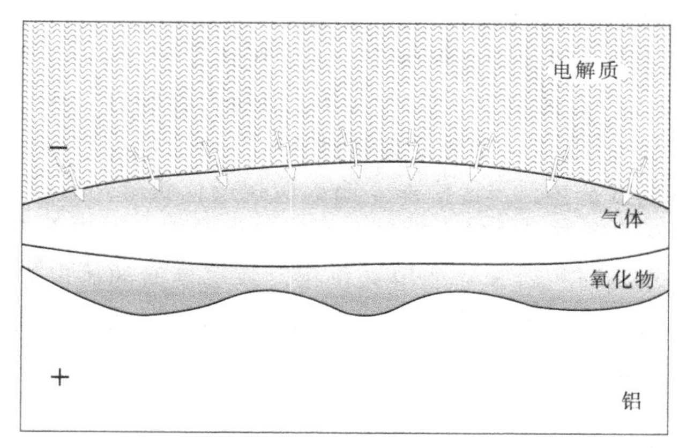

图 2.3.3　接触辉光放电模型[80]

2.4　微弧氧化溶液中添加剂的影响

目前对微弧氧化溶液的研究主要以磷酸盐、硅酸盐、氢氧化物、铝酸盐等为主盐，通过不同添加剂的加入，实现对膜层的外观、厚度、结构、成分以及性能的改变。添加剂能够提供参与成膜的物质，或者是改变溶液中离子的传输方式以及成膜过程，从而实现对膜层的改性。总的来说，对于目前研究人员探索的微弧氧化溶液添加剂，按照其自身的组成和状态，可以分为无机盐、有机物、固体颗粒及溶胶等四类。

2.4.1　无机盐

无机盐是微弧氧化溶液中最为常见的添加剂，能够向溶液提供参与成膜的离子，或者是通过离子影响微弧氧化成膜的过程，从而使膜层的外观、厚度、组织结构、成分以及膜层性能发生变化。

Zheng 等[63,81]在 H_3BO_3 - KOH 体系的微弧氧化溶液中加入 Na_2WO_4。研究结果表明，Na_2MoO_4 的含量影响铝合金微弧氧化过程中电压的变化、膜层中 α - Al_2O_3、γ - Al_2O_3 和 W 的含量以及膜层的耐磨性。在 Na_2SiO_3 溶液中加入 Na_2MoO_4 后，铝合金表面微弧氧化膜层的厚度增加，并且膜层的致密性和硬度提高[82,83]。在适用于镁合金的 Na_2SiO_3 - KOH 体系微弧氧化溶液中，随着 Na_2MoO_4 加入量的增加，微弧氧化过程的临界起弧电压降低，膜层表面的放电孔洞增加，Mg_2SiO_4 相在膜层中的含量增加，膜层的硬度和耐磨性增加[84]。

陈保延等[85]在磷酸盐体系溶液中添加不同量的 Nd（NO_3)$_3$，并利用该溶液对 AZ31D 镁合金进行微弧氧化处理。结果表明，Nd 元素参与了微弧成膜反应，以 Nd_2O_3 和 Nd（OH)$_3$ 的形式存在于氧化膜中，并且能够起到增加氧化膜厚度和优化表面质量的作用。

王颖辉等[86]研究了 Na_2SiO_3 - NaOH 体系微弧氧化溶液中 Ce（NO_3)$_3$ 含量对 ZAlSi12 合金表面微弧氧化膜组织和厚度的影响。结果表明，Ce（NO_3)$_3$ 能够增加膜层厚度，增加膜层中 $\alpha-Al_2O_3$ 的含量。硅酸盐溶液体系中加入 Li_2SO_4 后，钛合金基体上得到的微弧氧化膜厚度降低，膜层表面粗糙度降低，锐钛矿相 TiO_2 的含量减少，金红石相 TiO_2 的含量增加。在镁合金微弧氧化处理的溶液中加入适量的 NaF 或是 KF 能够提高膜层的致密性，提高膜层在 NaCl 溶液中的耐腐蚀性[87,88]。

适用于铝合金的磷酸盐体系溶液中加入偏钒酸铵或偏钒酸钠，其参与氧化成膜反应，以 V_2O_5 和 V_2O_3 的形式存在于膜层中。在光的散射作用下，沉积在孔洞或表面的氧化 V 使得陶瓷层显现为黑色，而且由于它的填充作用，膜层表面的放电微孔减少[89,90]。马颖等[91]在硅酸盐体系的镁合金微弧氧化溶液中加入偏钒酸铵，研究发现偏钒酸铵的加入使得微弧氧化膜呈现出一定的彩色，原因是由于膜层中生成 MgV_2O_5、$Mg_3V_2O_8$ 和 $AlVO_3$ 等；随着偏钒酸铵浓度的增加，膜层的厚度不断增大，膜层的耐蚀性也呈不断增大的趋势，最佳耐蚀性比镁合金基体高出 8 倍。

张苏雅等[92]在六偏磷酸钠电解液体系中添加草酸钛钾，在铝合金表面获得了主要由 Al、O、Ti 元素构成的蓝色膜层，呈现蓝色主要是由于 Al_2O_3 和 TiO_2 共同作用的结果。Tang 等[38]在铝合金六偏磷酸钠电解液体系中加入氟钛酸钾，获得了黑色微弧氧化膜，膜层成膜速度提高，并且膜层中 $\alpha-Al_2O_3$ 的含量由原来的 10wt. %增加至 20wt. %左右，膜层呈现出更好的硬度、耐磨性和耐蚀性。

铝合金微弧氧化溶液中加入含铬添加剂或者 $KMnO_4$，也可以得到黑色的微弧氧化膜[93,94]。崔作兴等[95]采用由 $KMnO_4$、Na_2WO_4、Na_3PO_4 以及 $Na_2B_4O_7$ 组成的微弧氧化溶液，在铝合金表面得到了黄色的微弧氧化膜。唐辉等[96]在以 Na_3PO_4 为主盐的微弧氧化溶液中加入 $FeSO_4$，在纯钛 TA2 表面获得颜色均匀、致密性较好的氧化物膜层。并且随着溶液中 $FeSO_4$ 浓度的增大，膜层的颜色向红色和黄色发生偏移。金光等[97]采用 $Na_2SiO_3-CoSO_4$ 微弧氧化溶液，在铝合金表面得到了含有 Co 元素的天蓝色微弧氧化膜。夏浩等[98]在添加了醋酸镍的硅酸盐体系电解液中对镁合金进行微弧氧化处理，获得了含 Ni 化合物的咖啡色氧化膜，并且提高了膜层的耐蚀性。

2.4.2　有机物

微弧氧化溶液中有机物的加入，一方面会影响溶液的黏度，降低溶液电导率；另一方面有机物会吸附在溶液中的离子集团表面，改变其表面电荷的数量，影响其在溶液中的迁移，从而实现对微弧氧化过程、膜层结构及性能的影响。

乌迪等[99,100]研究了 Na_2SiO_3 溶液中丙三醇含量对镁合金微弧氧化膜的影响。结果表明，随着丙三醇含量的增加，溶液的电导率降低，膜层厚度降低，表面放电孔洞的直径呈先降低后增加的趋势，膜层的耐腐蚀性也呈现为先增加后减小的变化。原因是丙三醇在溶液中吸附在多聚硅酸根的表面，降低其表面负电荷的数量，一方面使多聚硅酸根之间的排斥力降低，使微弧氧化过程中阳极表面吸附更多的多聚硅酸根，使成膜均匀性增加；另一方面增加多聚硅酸根凝结的倾向，降低其在溶液中的迁移速度，使膜层的厚度降低，膜层的不均匀性增加。刘彩文等[101]在硅酸盐体系的铝合金微弧氧化溶液中添加丙三醇，发现丙三醇可明显地细化电解液中的胶粒，改善微弧氧化膜的致密性和平整性，增加膜层厚度，提高膜层硬度。

龙迎春等[102]研究了六亚甲基四胺作为硅酸盐-磷酸盐复合溶液体系添加剂对铝合金微弧氧化的影响，发现六亚甲基四胺的加入使膜层黑度增加，均匀性和附着力显著提高，粗糙度降低，并且显著提高膜层的耐腐蚀性。

杨潇薇等[103]在镁合金阳极氧化的溶液中加入不同量的植酸，考察了植酸的含量对氧化膜表面形貌、相组成和耐腐蚀性的影响。结果表明，随着溶液中植酸含量的增加，膜层的相组成没有发生变化，但是膜层趋于均匀致密；当植酸含量为 10g/L 时，氧化膜表面光滑亮白而且耐腐蚀性得到了明显的提高。Zhang 等[104]在 NaOH 溶液中加入不同量的植酸对镁合金进行微弧氧化处理，发现植酸的加入能够加速成膜，并且提高膜层的均匀性；植酸含量为 8g/L 时得到的膜层均匀性和耐腐蚀性最好。

Zhang 等[105]在镁合金微弧氧化液中加入鞣酸，研究发现鞣酸的加入能够促进氧化膜的形成并改变氧化膜的颜色，鞣酸加入后与镁合金结合形成了不溶性的镁-鞣酸化合物，改善了微孔分布的均匀性，使得氧化膜厚度增加，并且提高了氧化膜的耐蚀性能。Liu 等[106]研究发现聚天冬氨酸具有良好的缓蚀作用，在镁合金阳极氧化时能够促进氧化膜的形成，而且随着电解液中聚天冬氨酸浓度增加，击穿电压上升，并且聚天冬氨酸的加入能够显著提高氧化膜的耐腐蚀性。

屠晓华等[107]在镁合金氧化电解液中添加葡萄糖，发现葡萄糖分子能有效吸附于镁合金表面，起到屏蔽作用，因而能有效地抑制镁合金在阳极氧化过程中的火花放电，使火花变得细小且分布均匀，阳极氧化过程中的放热量明显减少，致使氧化膜微孔分布更加均匀，且孔径明显减小，氧化膜变得致密。随着葡萄糖浓度的提高，镁合金表面吸附的葡萄糖分子越多，屏蔽作用越明显，抑弧能力越强。电解液中葡萄糖的加入，使氧化膜厚度增加、粗糙度降低、耐蚀性提高。

Akihiro Yabuki[108]在 KOH－Na_2SiO_3 的溶液中加入不同量的乙二醇，发现溶液中乙二醇的含量对氧化膜层外观和耐腐蚀性有着很大的影响。在乙二醇含量为 10～40wt.%的情况下获得的膜层具有很好的耐腐蚀性，为采用 HAE 工艺制备的阳极氧化膜耐腐蚀性的 10 倍。

2.4.3 固体颗粒

微弧氧化溶液中加入的固体颗粒不仅能够提高成膜速度，参与微弧氧化成膜反应，改变膜层微观形貌和相组成，提高膜层的耐磨性、耐腐蚀性，而且能够赋予膜层一些特殊的性能。

高殿奎[109]在 NaOH 溶液中加入不同量的固体石墨颗粒对铝合金进行微弧氧化处理，得到了含有石墨相的氧化膜层，实现了对膜层的减摩效果。Lv[110]在 Na_2SiO_3－NaOH 的溶液中加入不同粒径的石墨颗粒对铝合金进行微弧氧化处理，发现当粒径小于 10μm 时得到的膜层表面孔洞更小，并且膜层的耐腐蚀性最好。Wu[111]在加入不同量石墨颗粒的 $NaAl_2O_4$ 溶液中对 2024 铝合金进行微弧氧化处理，制备的微弧氧化膜层中复合有石墨相，摩擦磨损试验表明这种复合膜层能够减小摩擦系数。

Malyshev 等在文献［112］中列出了采用含有不同固体颗粒的溶液对铝合金进行微弧氧化处理，并对膜层的厚度、结构及耐磨性进行了分析，表明利用溶液中加入固体颗粒制

备复合微弧氧化膜层的可行性。提出了固体颗粒进入膜层的模型，如图 2.4.1 所示，在不含颗粒的溶液中膜层向基体生长部分占了 70%，含有颗粒的溶液中膜层向基体生长部分占了 50%，固体颗粒主要分布在膜层的表面。固体颗粒进入膜层是由于微弧放电区域高温高压的热解作用，使溶液物质和固体颗粒在阳极表面发生等离子化学反应，形成不同物质组合的氧化膜层，这也是在含有固体颗粒的溶液中氧化成膜速度增加（增加 1 倍）的原因。Malyshev 认为，微弧氧化溶液中高分散的颗粒更容易进入膜层，具有高硬度的颗粒能够改善膜层的耐磨性。提出了通过化学修饰增加颗粒的分散性以及合理选择颗粒含量的方法制备具有高质量的复合微弧氧化膜层的思路。

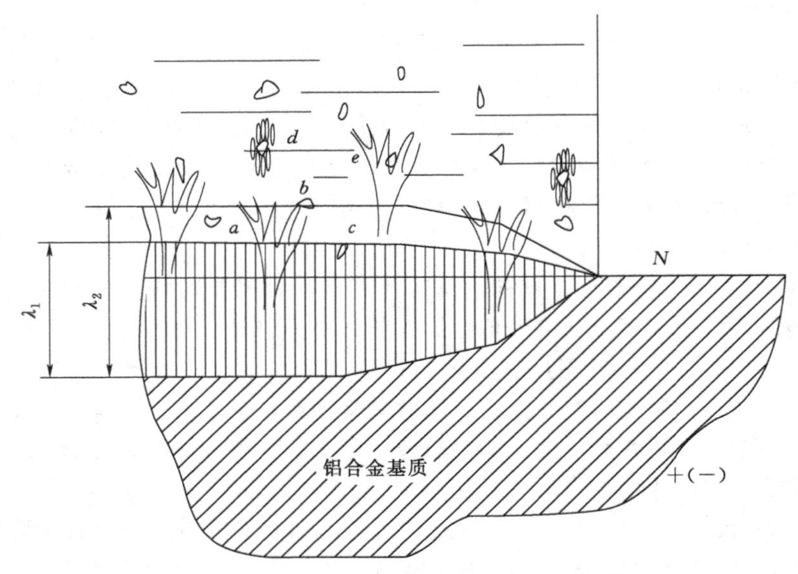

图 2.4.1　微弧氧化膜形成机制示意图[112]

Arrabal 等[54,113-116]分别采用交流和直流两种电源模式，将 m－ZrO_2 颗粒加入到不同的溶液中，分别对铝合金和镁合金进行微弧氧化处理。研究发现，ZrO_2 颗粒的加入使氧化成膜的效率提高，制备出了含有 m－ZrO_2 和 t－ZrO_2 的复合微弧氧化膜层。分析了 ZrO_2 颗粒在膜层中的分布，参与成膜的机制和 ZrO_2 颗粒在膜层中的传输过程。马世宁等[117]研究了恒电压和恒电流两种模式下，铝合金微弧氧化溶液中纳米 SiO_2 颗粒对氧化膜生长动力学的影响。结果表明，两种模式下，纳米 SiO_2 均能提高微弧氧化层生长速率，这是因为纳米 SiO_2 颗粒在纳米复合微弧氧化层中掺杂，形成杂质能级，并且降低了微弧氧化层材料的禁带宽度，促进了微弧氧化电击穿过程，从而促进微弧氧化层生长。

镁合金微弧氧化溶液中加入 Al_2O_3、SiC 等纳米颗粒后，掺杂的颗粒能够参与成膜，促进膜层生长，提高陶瓷膜致密性，表面微孔分布更均匀，尺寸更小，并且膜层具有更好的耐蚀性、耐磨性[118-120]。TiO_2 纳米颗粒加入到镁合金微弧氧化电解液中，制备的膜层颜色发生变化，致密性提高，在具有更高的硬度、耐腐蚀性及耐磨性的同时还具有一定的光催化性能[121,122]。

2.4.4 溶胶粒子

溶胶（sol）是指在液体介质中分散了1～100nm粒子（基本单元）的体系，也是指微小的固体颗粒悬浮分散在液相中，并且不断地进行布朗运动的体系[123]。采用溶胶作为微弧氧化溶液的添加剂既能利用粒子的特性，又避免了采用常规固体微粒所面临的微粒的分散性和稳定性问题。溶胶的制备方法有分散法和醇盐水解法，最常用的是醇盐水解法，采用醇盐水解法制备的溶胶中一般含有有机溶剂。采用溶胶可以制备抗高温氧化性能、防腐蚀性能、耐磨性能以及其他特殊性能的涂层和薄膜[124-129]。因此，以溶胶为添加剂可以综合固体颗粒和有机物的优点，既解决了固体颗粒分散的问题又能克服有机物降低成膜速度的缺点，有望制备具有高性能的微弧氧化膜层。

朱立群等[130]将硅-铝溶胶加入碱性阳极氧化液中，对AZ91D镁合金材料进行阳极氧化，结果表明，溶胶成分在镁合金氧化成膜过程中，可以有效地提高镁合金表面的阳极氧化膜层厚度和致密性。李卫平等[131-135]也将 SiO_2 或 $SiO_2-Al_2O_3$ 溶胶添加到阳极氧化液中在AZ91D镁合金表面进行阳极氧化，结果表明，加入溶胶后，氧化膜层变得更均匀、致密，且耐蚀性也得到了提高；提出溶胶微粒参与和影响氧化成膜的过程主要包括4个步骤：①溶胶微粒在溶液中的运动；②溶胶微粒在阳极表面形成吸附层；③溶胶吸附层与阳极反应的相互作用；④溶胶粒子对氧化膜孔洞的填充作用。这一过程如图2.4.2所示。

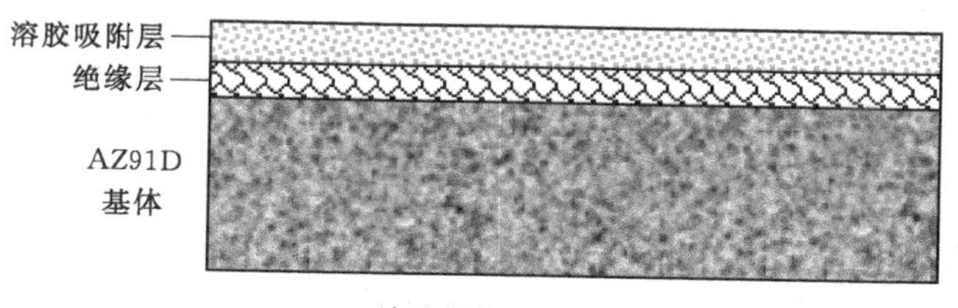

(a)溶胶微粒在阳极表面形成吸附层

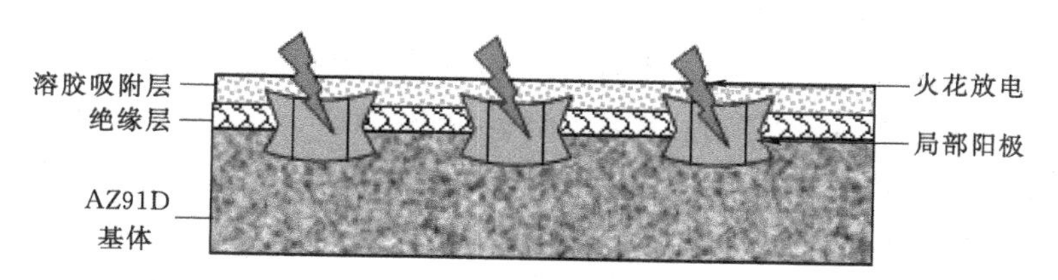

(b)阳极氧化膜被击穿出现放电火花

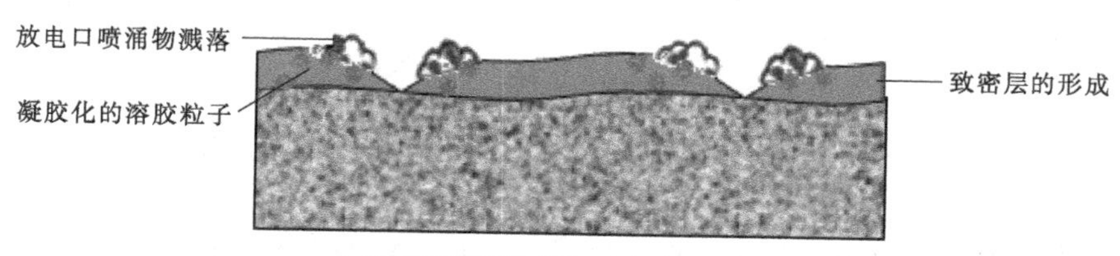

(c)溶胶吸附层与阳极反应的相互作用

图2.4.2（一） 溶胶微粒参与镁合金表面阳极成膜过程示意图[135]

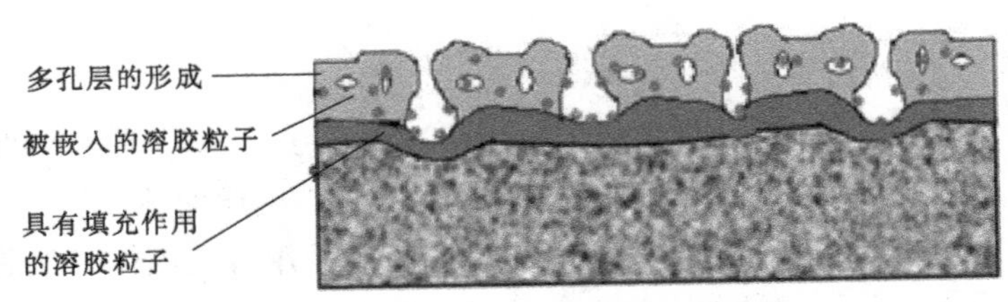

(d)最终形成的膜层结构

图 2.4.2（二） 溶胶微粒参与镁合金表面阳极成膜过程示意图[135]

Liang 等[136,137]在 Na_3PO_4 - KOH 溶液中加入钛溶胶对镁合金进行微弧氧化处理，发现随着钛溶胶含量的增加，膜层的颜色由灰色转变为蓝色、黑色，膜层厚度和均匀性增加，膜层中出现锐钛型 TiO_2 和金红石型 TiO_2，并且膜层的耐腐蚀性得到了明显的提高。

M. Laleh[47]在 $NaAl_2O_4$ - KOH 的微弧氧化溶液中加入铝溶胶，研究了铝溶胶对镁合金微弧氧化过程、膜层厚度及表面形貌、组成及耐腐蚀性的影响。结果表明，铝溶胶的加入使膜层表面的均匀性增加，膜层致密性增加，表面粗糙度降低，膜层中 Mg_2AlO_4 相的含量增加，并且得到的微弧氧化膜耐腐蚀性也更好。

于松楠等[138]研究了铝溶胶浓度对钛合金微弧氧化膜生长特性、微观结构、相结构和电致变色特性的影响。结果表明，随着微弧氧化溶液中铝溶胶浓度的增加，膜层的生长速率逐渐增加，膜表面微孔尺寸和粗糙度逐渐增大，而微孔密度逐渐减小；当铝溶胶含量小于 10vol. %时，膜层由锐钛矿相 TiO_2 组成，进一步增加铝溶胶含量，膜层中开始出现金红石相 TiO_2 且其相对含量逐渐增大，并在铝溶胶含量为 40vol. %时，膜层全部由金红石相 TiO_2 组成；铝溶胶含量小于 20vol. %制备试样的膜层颜色变化不明显，随着含量增加，制备试样的膜层颜色变化逐渐明显，在铝溶胶含量为 40vol. %时，微弧氧化膜呈蓝色且色泽均匀，该试样在循环伏安测试过程中还表现出了良好的稳定性和可逆性。

姚晓红等[139]在硅酸盐体系中加入 Al_2O_3 胶体对 AZ91D 镁合金进行微弧氧化，研究了 Al_2O_3 胶体的加入时间和加入量对陶瓷层组成、结构以及耐蚀性的影响。结果表明，在微弧氧化后期 6min（总 10min）时加入 Al_2O_3 胶体制备的膜层耐蚀性最好；随着 Al_2O_3 胶体用量的增加，陶瓷层的腐蚀速度明显减小，加入量超过 20%后，对陶瓷层的耐蚀性能提高不明显。贾鸣燕等[140]的研究也表明，镁合金微弧氧化溶液中加入铝溶胶后，氧化膜表面单位面积内的微孔数量减少，且孔径变小；随着铝溶胶的体积分数的增大，膜层的电阻增大，当铝溶胶的体积分数为 11.7mL/L 时，微弧氧化膜的耐蚀性最好。王晓芳等[141]在铝合金微弧氧化溶液中加入预先制备好的锆溶胶，制备出主要由 γ - Al_2O_3 和 t - ZrO_2 相组成的微弧氧化膜。

2.5 溶胶粒子作用机制研究的意义

微弧氧化处理可获得物理、化学性能优良的氧化膜，但是存在能耗高、成膜效率低等缺点。微弧氧化过程中基体熔融物和溶液组分进入放电通道，发生一系列物理、化学反应，这一过程被认为是形成微弧氧化膜的关键步骤，决定了氧化膜的成分和结构[142]。基

材、微弧氧化溶液组成及微弧氧化过程中的工艺参数对成膜速率、膜层结构及性能都有着重要的作用。

另外，微弧氧化溶液中少量的添加剂就能对膜层产生很大影响。固体颗粒能够改善膜层结构及性能，已被广泛作为添加剂使用。颗粒的粒径是必须考虑的问题，粒径太大的颗粒很难进入膜层中，起不到改善膜层结构的作用；粒径太小的颗粒，一是制备成本高；二是在电解液中容易发生团聚导致其效果降低。溶胶粒子粒径小，易于制备，并且能够在微弧氧化溶液中均匀地分散。溶胶粒子作为微弧氧化溶液添加剂，能够克服固体颗粒的缺点，可以制备性能更好的微弧氧化膜。但是，采用溶胶作为微弧氧化溶液添加剂时，必须考虑溶胶与溶液的相容性问题，如文献［53］中利用钛溶胶改性的磷酸盐溶液得到了耐腐蚀性更好的微弧氧化膜层，但是由于钛溶胶和电解液 pH 值的差异，该溶液的稳定性差，不能长期使用。一些金属离子（如 Ti^{4+}、Zr^{4+} 等）在水溶液中容易发生水解，生成溶胶粒子，而且它们的水解过程可以采用一些无机盐和有机物控制，使水解的溶胶粒子长期稳定存在。因此可以通过微弧氧化溶液组分的设计，将易水解产生溶胶粒子的金属盐引入溶液中，通过它们的水解在溶液中原位生成溶胶粒子。

鉴于以上问题，首先，在硅酸盐和磷酸盐微弧氧化溶液的基础上，通过一系列的单因素、正交试验优选出适用的铝合金微弧氧化溶液，考察电参数对膜层结构及性能的影响。其次，利用前期以后的添加硅溶胶、锌溶胶和锡溶胶到镁合金阳极氧化溶液中的研究成果，预先制备出钛和锆溶胶，并将这两种具有优良物理、化学性能的溶胶加入到铝合金微弧氧化溶液中，分别研究这两种溶胶粒子对铝合金微弧氧化过程及膜层成分、形貌、结构以及性能的影响。最后，利用 Zr^{4+} 和 Ti^{4+} 离子在溶液中容易发生水解，生成溶胶粒子的特点，将水溶性的锆酸盐和钛酸盐引入微弧氧化溶液中，通过溶液中溶质成分的设计，对 Zr^{4+} 和 Ti^{4+} 离子水解过程的控制，使它们在微弧氧化溶液中原位水解产生钛溶胶或锆溶胶粒子，研究它们对铝合金微弧氧化过程及膜层的影响；研究原位水解产生的钛溶胶粒子对镁合金微弧氧化过程及膜层形貌、成分结构及性能的影响。

第3章 铝合金微弧氧化工艺

微弧氧化溶液多为碱性溶液体系，如硅酸盐[143]、磷酸盐及铝酸盐体系[144]。溶液的组成对铝合金微弧氧化膜层有着重要影响，如微弧氧化膜生长速率、膜结构、成分和性能等[145,146]。在碱性溶液体系中，铝合金阳极反应产生金属离子和其他离子，很容易生成带负电的胶体粒子，重新进入氧化膜层，从而改变了微弧氧化膜层的微观结构及性能。

由于本书主要是研究溶胶作用下的铝合金微弧氧化过程及对膜层性能的影响，因此，首先需要确定铝合金微弧氧化溶液体系及氧化工艺。根据相关文献及前期的试验结果，对硅酸盐、磷酸盐、偏铝酸钠等溶液体系进行优选，从而得到适合于2A70铝合金材料的微弧氧化溶液体系及工艺参数，为后续研究溶胶粒子作用下铝合金、镁合金微弧氧化的试验打下基础。

3.1 溶液基础组分的选择

试验材料为2A70铝合金，化学试剂主要有磷酸钠、硅酸钠、氢氧化钠、钨酸钠、钼酸钠、碳酸钠、偏铝酸钠、四硼酸钠、磷酸氢二钠、锆酸盐、钛酸盐、氯化钠及柠檬酸等，实验所采用试剂均为分析纯。

铝合金试样根据不同需要加工成不同规格，所有试样在氧化处理之前均经180～800号水磨砂纸逐次打磨、冲洗、吹干，备用。

溶液组分优化过程中固定电参数不变（采用恒流控制方式，电流密度5A/dm^2，频率300Hz，占空比20%），以陶瓷膜层的厚度、外观粗糙度等为初期评价指标。

3.1.1 铝酸盐体系

铝酸盐体系溶液主要含有$NaAlO_2$和NaOH，成分简单，但是该电解液体系存在一个缺点，就是$NaAlO_2$的水解产物易于发生聚合反应，使溶液的成分发生变化，降低溶液的稳定性。固定溶液中NaOH的浓度为2g/L不变，采用单因素法选定电解液中合适的$NaAlO_2$浓度，$NaAlO_2$浓度分别为10g/L、15g/L、20g/L及40g/L。

虽然有大量的文献报道，铝合金在铝酸盐的溶液中能够制备出具有良好性能的微弧氧化膜，但是实验发现在以上溶液中不能形成微弧氧化膜。为进一步验证铝酸盐溶液体系的适用性，在$NaAlO_2$浓度为10g/L、NaOH浓度为2g/L的溶液中加入10g/L的Na_2SiO_3，发现溶液变成乳白色，并且出现絮状悬浮物。说明$NaAlO_2$和Na_2SiO_3不能稳定共存，或者二者稳定共存需要满足一定的条件，并且利用上述溶液也不能制备出氧化膜。根据以上实验结果，不再对铝酸盐体系溶液进行优化，进而选用磷酸盐及硅酸盐体系的溶液进行微弧氧化实验。

3.1.2 磷酸盐体系

磷酸盐体系的电解液大多以磷酸三钠（钾）、多聚磷酸盐为主，另外有少量用于调节pH值的氢氧化钠（钾），以及少量的其他添加剂。$(NaPO_3)_6$ 是一种常见的多聚磷酸盐，易溶于水，在水中能电离生成带负电、具有强吸附活性的磷酸根阴离子，几乎可络合除碱金属以外的所有金属阳离子，广泛作为铝、镁合金微弧氧化溶液的主要组成物。选用 $(NaPO_3)_6$ 和 NaOH 作为电解液的组分，固定其中 NaOH 的含量为 2g/L 不变，采用单因素实验法改变 $(NaPO_3)_6$ 含量，分别为 10g/L、20g/L、40g/L 及 80g/L，研究 $(NaPO_3)_6$ 的含量对微弧氧化膜的影响，微弧氧化处理时间为 60min。

在上述磷酸盐体系溶液中制备的微弧氧化膜为乳白色，光滑、致密。从图 3.1.1 中可以看出，在其他工艺参数不变的情况下，随着溶液中 $(NaPO_3)_6$ 浓度的增加，制备的微弧氧化膜厚度增加。$(NaPO_3)_6$ 含量为 40g/L 时制备的微弧氧化膜的厚度达到最大值，约为 56μm。由于在试样测量各点的微弧氧化膜的厚度有变化，变化范围在一定程度上也反映了试样表面的粗糙度。图 3.1.1 中上下横线分别为测得的最大与最小厚度值，中间的点为多次测量的平均值。一般情况下，随着氧化膜层厚度的增加，粗糙度也随之增加，这是由微弧氧化的成膜特点所决定的。

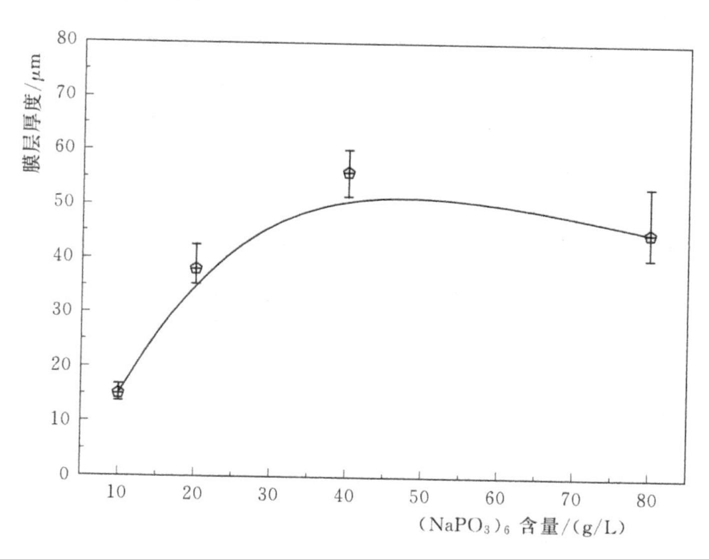

图 3.1.1 $(NaPO_3)_6$ 浓度变化对微弧氧化膜厚度的影响

除 $(NaPO_3)_6$ 外，还尝试以 Na_3PO_4、$Na_5P_3O_{10}$ 为主盐对铝合金进行微弧氧化处理，制备的微弧氧化膜从表观上看没有太大的区别，膜层厚度基本相当。以上实验表明，在单一的磷酸盐体系中很难制备出厚度比较大、表面质量高的氧化膜。应当尝试在磷酸盐体系的溶液中加入其他能够促进成膜的组分。

3.1.3 硅酸盐体系

溶液中的 SiO_3^{2-} 是吸附性很强的离子，很容易通过电化学作用吸附到铝合金基体或氧化膜层的表面，形成外来杂质放电中心，产生等离子体放电，可作为降低氧化膜孔隙率、提高致密性、调整陶瓷层性能的基本物质。选择硅酸钠作为铝合金氧化溶液组分。

如前所述，在单一的电解液体系中，制备的陶瓷层厚度较薄、致密性较差，对基体很难形成有效的保护。因此，对溶液添加剂的影响，如磷酸盐、钨酸盐、钼酸盐、锆酸盐和硼酸盐等，很多研究人员进行了深入细致的研究工作。根据前面利用磷酸盐溶液体系对铝合金进行微弧氧化处理的实验结果，也将六偏磷酸钠作为溶液组分。

NaOH 可以调节溶液的 pH 值，增大溶液的电导率；在微弧氧化过程中 NaOH 的浓度对起弧电压、成膜速度、氧化膜的厚度及耐蚀性具有很大的影响。Na_2EDTA 为溶液的稳定组分。

一般认为 Na_2EDTA 对氧化膜的形成影响不大，而溶液中的 Na_2SiO_3、NaOH 和 $(NaPO_3)_6$ 浓度的变化对微弧氧化陶瓷层的性能等影响较大。故采用单因素实验，以 60min 内 2A70 铝合金微弧氧化陶瓷层的厚度作为衡量指标，并以陶瓷层的表观质量作为参考，研究单因素变化对成膜速率、膜层质量等的影响，从而优化微弧氧化溶液的成分。

1. 硅酸钠浓度的影响

先不考虑 $(NaPO_3)_6$ 的影响，固定 NaOH 和 Na_2EDTA 的含量均为 2g/L 不变，Na_2SiO_3 的浓度分别为 10g/L、15g/L、20g/L、30g/L、40g/L 及 80g/L。单因素实验安排及结果见表 3.1.1，根据试验的结果，将 Na_2SiO_3 对陶瓷层厚度的影响规律示于图 3.1.2 中。从图 3.1.2 中可以看出，随着 Na_2SiO_3 浓度增加，微弧氧化陶瓷膜的厚度先增加后减小，在 60g/L 时达到最大值；陶瓷膜的表面粗糙度随着 Na_2SiO_3 浓度的增加而增大。采用 Na_2SiO_3 浓度为 60g/L 的溶液，进一步延长微弧氧化的时间至 90min，当电压升至 570V 时，出现弧光放电的情况，微弧氧化陶瓷膜的厚度为 90μm，并且试样局部出现烧蚀的痕迹。这说明，在只含有这 3 种组分的微弧氧化溶液中，只依靠增加 Na_2SiO_3 浓度的方法很难获得厚度超过 100μm 的微弧氧化膜，必须考虑改变 NaOH 的浓度或者加入其他组分。

表 3.1.1　Na_2SiO_3 浓度与微弧氧化膜厚度的关系

编号＼因素	Na_2SiO_3 /(g/L)	NaOH /(g/L)	Na_2EDTA /(g/L)	陶瓷膜厚度 /μm
S-1	10	2.0	2.0	15.3
S-2	15	2.0	2.0	25.2
S-3	20	2.0	2.0	27.8
S-4	30	2.0	2.0	37.6
S-5	40	2.0	2.0	49.7
S-6	60	2.0	2.0	74.0
S-7	80	2.0	2.0	55.7

图 3.1.3 所示为不同 Na_2SiO_3 浓度的溶液中制备的微弧氧化膜的 X 射线衍射图谱。从图中可以看出，Na_2SiO_3 浓度为 10～40g/L 溶液中制备的氧化膜主要由非晶态的 SiO_2、$\alpha-Al_2O_3$ 及 $\gamma-Al_2O_3$ 组成；Na_2SiO_3 浓度超过 60g/L，微弧氧化膜主要由非晶态的 SiO_2

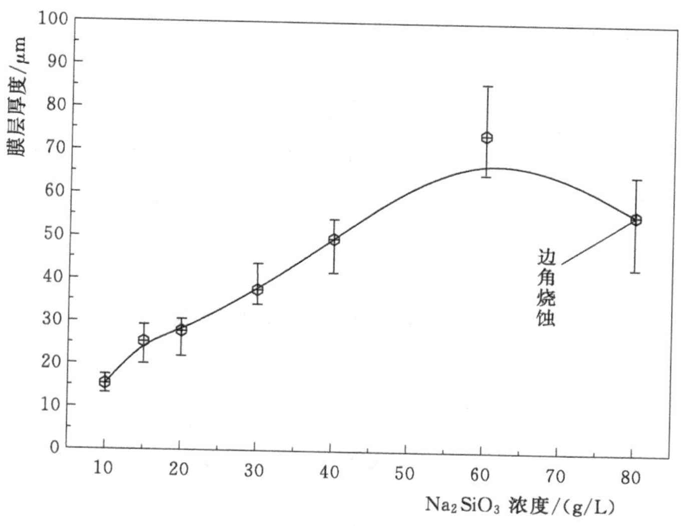

图 3.1.2 Na_2SiO_3 浓度变化对微弧氧化膜厚度的影响

组成。从图 3.1.3 中可以看出，Na_2SiO_3 浓度为 30g/L 的电解液中制备的微弧氧化膜 α－Al_2O_3 的 X 射线衍射峰的相对强度最大，说明此时 α－Al_2O_3 相对含量较高，α－Al_2O_3 具有高的硬度、强度，其含量对膜层性能具有重要影响。另外，结合图 3.1.2，根据厚度和微弧氧化膜的表面质量，初步确定微弧氧化溶液中 Na_2SiO_3 浓度为 30g/L。

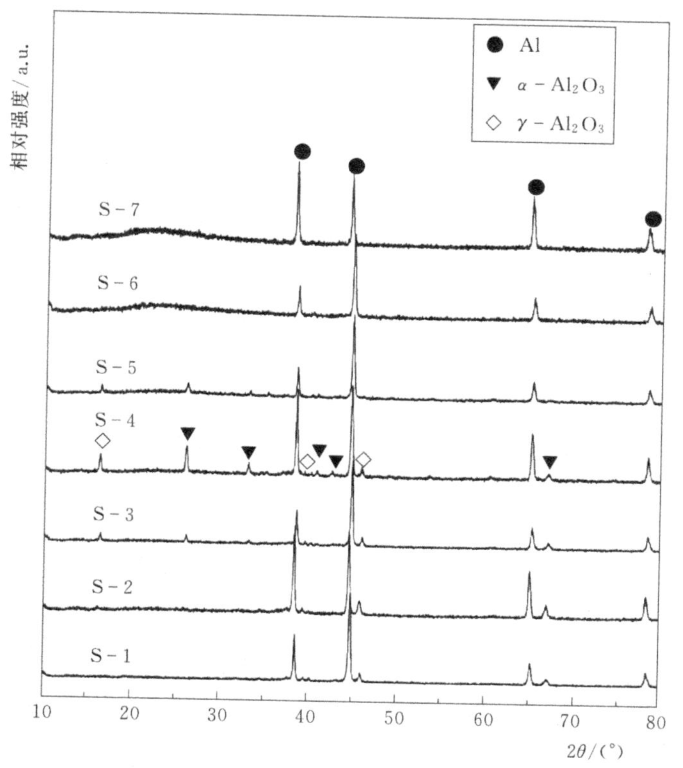

图 3.1.3 Na_2SiO_3 浓度变化对微弧氧化膜结构的影响

2. 氢氧化钠浓度的影响

根据以上的实验，固定 Na_2SiO_3 的含量为 30g/L、Na_2EDTA 的含量为 2g/L，改变 NaOH 的含量分别为 2g/L、4g/L、6g/L、10g/L 及 15g/L，研究溶液中 NaOH 的含量对膜层厚度及相组成的影响。单因素实验安排及结果见表 3.1.2，根据试验的结果，将 NaOH 对氧化膜厚度的影响规律示于图 3.1.4 中。从图 3.1.4 中可以看出，NaOH 浓度从 2g/L 增加至 10g/L，微弧氧化膜的厚度及表面粗糙度变化不大；但是当 NaOH 浓度增大至 15g/L 时，微弧氧化膜的厚度降低，并且局部出现烧蚀的痕迹。图 3.1.5 所示为不同 NaOH 浓度下制备的微弧氧化膜的 X 射线衍射图谱，从图中可以看出，NaOH 浓度在 2～10g/L 变化时，微弧氧化膜的组成变化不大。根据图 3.1.4 中微弧氧化膜的粗糙度及膜层的表面质量选定溶液中 NaOH 的浓度为 6g/L。

表 3.1.2　NaOH 浓度与微弧氧化陶瓷层厚度的关系

因素 实验号	NaOH /(g/L)	Na_2SiO_3 /(g/L)	Na_2EDTA /(g/L)	陶瓷膜厚度 /μm
N-1	2	30	2.0	37.6
N-2	4	30	2.0	33.9
N-3	6	30	2.0	36.6
N-4	10	30	2.0	38.5
N-5	15	30	2.0	27.9

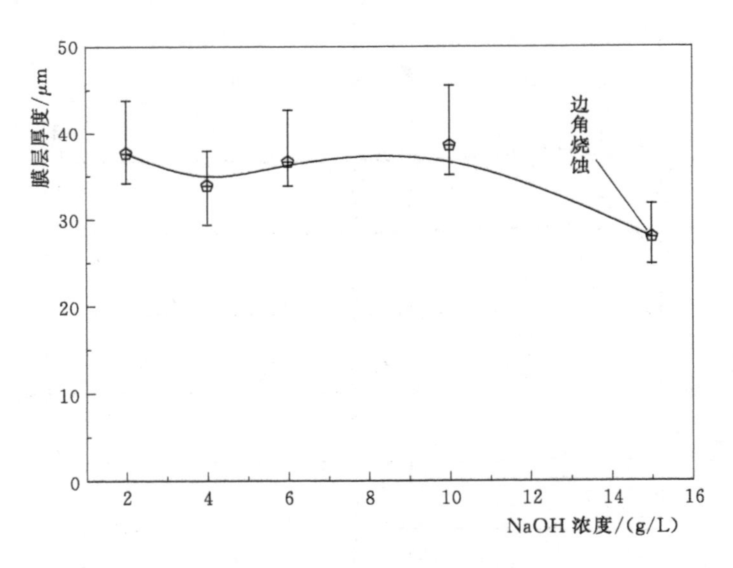

图 3.1.4　NaOH 浓度变化对微弧氧化膜厚度的影响

3. 六偏磷酸钠浓度的影响

鉴于在硅酸盐体系的溶液中，也很难在铝合金表面获得高质量微弧氧化厚膜，因

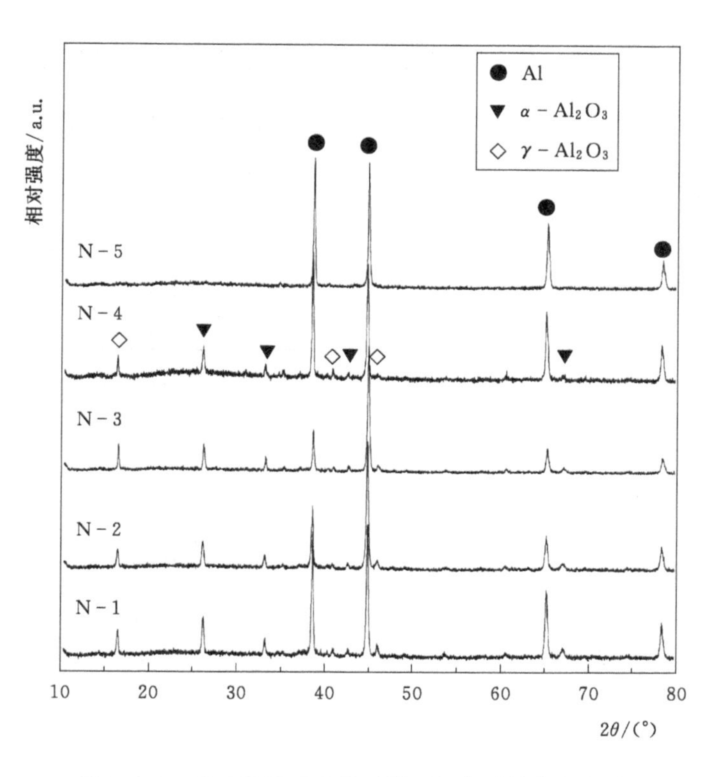

图 3.1.5 NaOH 浓度变化对微弧氧化膜结构的影响

此，尝试在硅酸盐基础溶液中加入前期试验过的 $(NaPO_3)_6$。基础溶液中 Na_2SiO_3 含量为 30g/L、NaOH 含量为 6g/L、Na_2EDTA 含量为 2g/L，之后采用单因素法，分别加入 3g/L、6g/L、12g/L、20g/L、30g/L、40g/L 及 50g/L 的 $(NaPO_3)_6$，研究溶液中 $(NaPO_3)_6$ 浓度对微弧氧化膜的影响。单因素实验安排及结果见表 3.1.3，根据试验结果，将 $(NaPO_3)_6$ 对氧化膜厚度的影响规律示于图 3.1.6 中。从图 3.1.6 中可以看出，$(NaPO_3)_6$ 浓度在 3～50g/L 范围内，微弧氧化膜的厚度变化存在两个区域：3～20g/L，在此范围内随着 $(NaPO_3)_6$ 浓度的增加，微弧氧化膜的厚度迅速增加；20～50g/L，在此浓度范围内，其浓度的增加并不能使氧化膜的厚度发生太过明显的变化。$(NaPO_3)_6$ 浓度为 50g/L 时，试样局部有烧蚀情况出现。$(NaPO_3)_6$ 浓度为 40g/L 时，经 60min 氧化处理制备的氧化膜厚度为 60μm 左右，如果进一步增加氧化时间至 90min 时，在正向电压达到 565V 左右出现弧光放电现象，制备的氧化膜厚度为 85μm 左右，试样边角出现烧蚀情况。在 $(NaPO_3)_6$ 浓度为 30g/L 的溶液中，经过 120min 氧化处理，可以制备出厚度为 110μm 左右的氧化膜。图 3.1.7 所示为不同 $(NaPO_3)_6$ 浓度下制备的微弧氧化膜 X 射线衍射图谱，从图中可以看出，$(NaPO_3)_6$ 浓度在 3～30g/L 变化时，氧化膜的构成没有区别，主要由非晶相、$\alpha-Al_2O_3$ 和 $\gamma-Al_2O_3$ 组成。根据膜层的 XRD 图谱，结合图 3.1.6 中微弧氧化膜的厚度及表面均匀性，选定溶液中 $(NaPO_3)_6$ 的最佳浓度为 30g/L。

表 3.1.3　$(NaPO_3)_6$ 浓度与微弧氧化膜厚度的关系

因素 编号	$(NaPO_3)_6$ /(g/L)	Na_2SiO_3 /(g/L)	NaOH /(g/L)	Na_2EDTA /(g/L)	陶瓷膜厚度 /μm
P-1	3	30	6.0	2.0	39.7
P-2	6	30	6.0	2.0	44.1
P-3	12	30	6.0	2.0	53.8
P-4	20	30	6.0	2.0	57.1
P-5	30	30	6.0	2.0	57.4
P-6	40	30	6.0	2.0	60.3
P-7	50	30	6.0	2.0	57.4

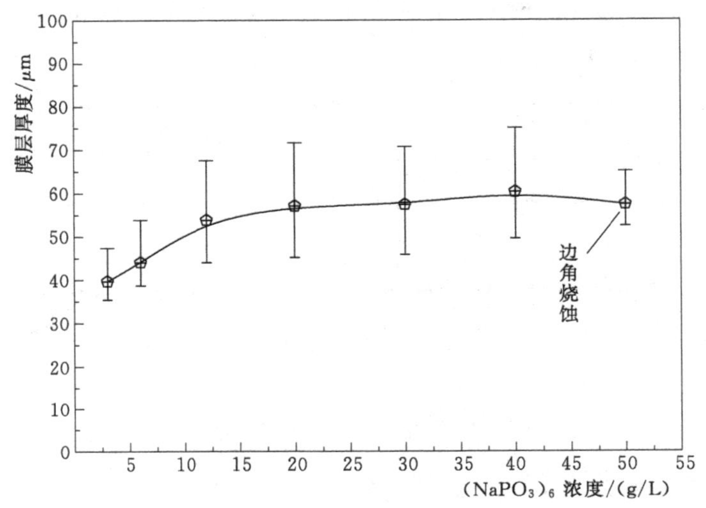

图 3.1.6　$(NaPO_3)_6$ 浓度变化对微弧氧化膜厚度的影响

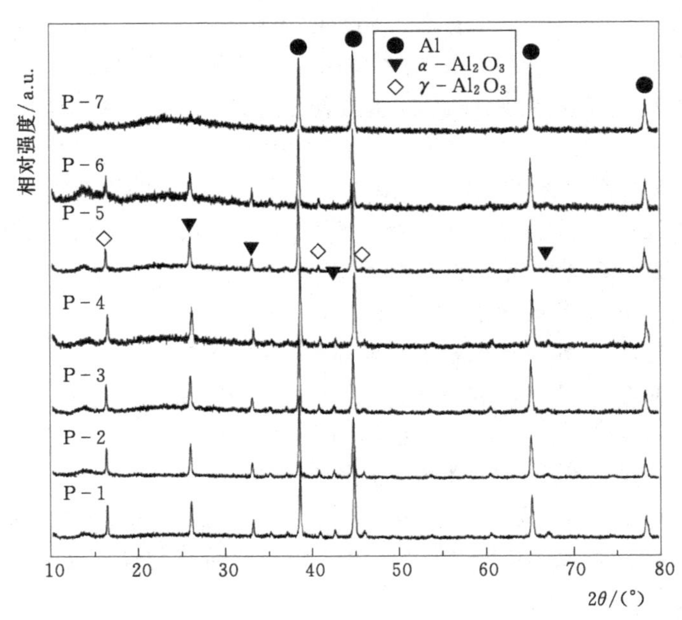

图 3.1.7　$(NaPO_3)_6$ 浓度变化对微弧氧化膜结构的影响

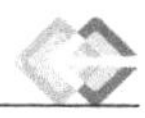

通过以上不同溶液体系中微弧氧化工艺的试验研究，确定基础溶液的组成为 30g/L 的 Na_2SiO_3、30g/L 的 $(NaPO_3)_6$、6g/L 的 NaOH 以及 2g/L 的 Na_2EDTA。

在以上溶液中对铝合金氧化处理 60min，可得到膜层厚度 60μm 左右的微弧氧化膜层。在此基础上进行电参数等工艺参数的优化，以进一步提高膜层厚度和膜层性能。

3.2 基础溶液电参数的优选

在铝合金微弧氧化中，电压、电流密度、脉冲占空比及频率等电参数对成膜速度、膜层结构及性能都具有一定的影响[147,148]。实验采用单因素法分别研究电压、电流密度、频率、占空比对微弧氧化膜厚度、表面质量及成膜速度的影响，确定最佳的电参数。电参数的实验安排见表 3.2.1。

表 3.2.1　　电参数单因素实验表

电参数	数值				
电压/V	400	450	500	550	580
电流密度/(A/dm²)	5	10	15	20	
频率/Hz	100	300	600	1000	1200
占空比/%	5	10	20	40	

3.2.1 电压的影响

微弧氧化过程中保持频率 300Hz、占空比 20%不变，采用手动调节电压的方式使电流密度为 $5A/dm^2$ 不变，改变微弧氧化过程中达到的最高正向电压，当最高电压达到预定值后即停止实验。表 3.2.2 为不同电压下制备的微弧氧化膜的厚度、所需时间及氧化膜的平均生长速度。

表 3.2.2　　电压对微弧氧化膜的影响

电压/V	微弧氧化膜厚度/μm	氧化时间/min	成膜速度/(μm/min)
400	12.4	8	1.55
450	19.8	15	1.32
500	25.9	20	1.30
550	85.5	90	0.95
580	122.5	180	0.68

图 3.2.1 所示为最终电压对形成的微弧氧化膜厚度影响，从图中可以看出，氧化膜的厚度决定于最终电压的大小，电压越高，微弧氧化膜的厚度就越大，同时氧化膜表面的粗糙度也越大；电压低于 500V 的情况下，其对氧化膜厚度的影响不是十分的明显，大于 500V

后，较小的电压差异就能使氧化膜的厚度有很大的变化。从表 3.2.2 中可以看出，膜层厚度越大，所需的时间也越长，时间和厚度的关系并不符合线性关系。图 3.2.2 所示为不同电压的微弧氧化膜的平均生长速度，从图中可以看出，电压越大，氧化膜平均生长速度越慢。在微弧氧化过程中氧化膜的生长速度是变化的，到达起弧电压后，氧化膜的生长速度随着电压的增加而减小。这和微弧氧化膜的生长过程有关，微弧氧化初期，微弧氧化放电火花首先在氧化膜的薄弱部位产生，形成的膜层以垂直于基体的柱状特征长大，生长速度快；随着膜层厚度的增加，氧化膜中能够被电压击穿的地方减少，电压击穿的地方氧化膜以重融、烧结、堆积的方式生长，致使生长速度降低，同时膜层的不均匀性也随之增加。

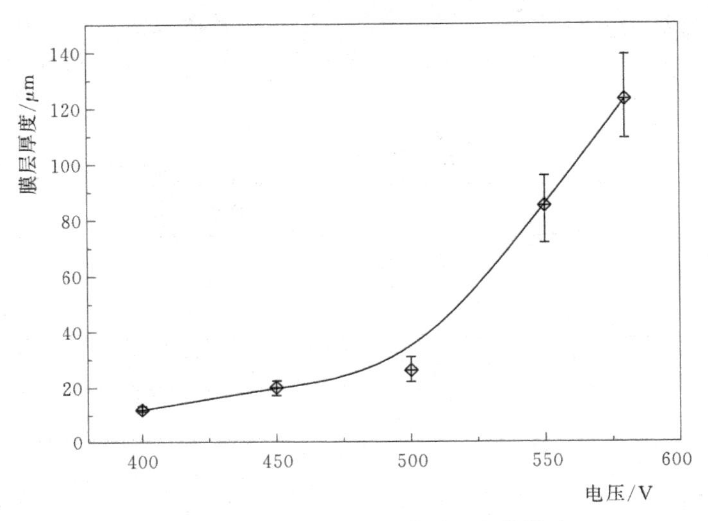

图 3.2.1　电压对微弧氧化膜厚度的影响

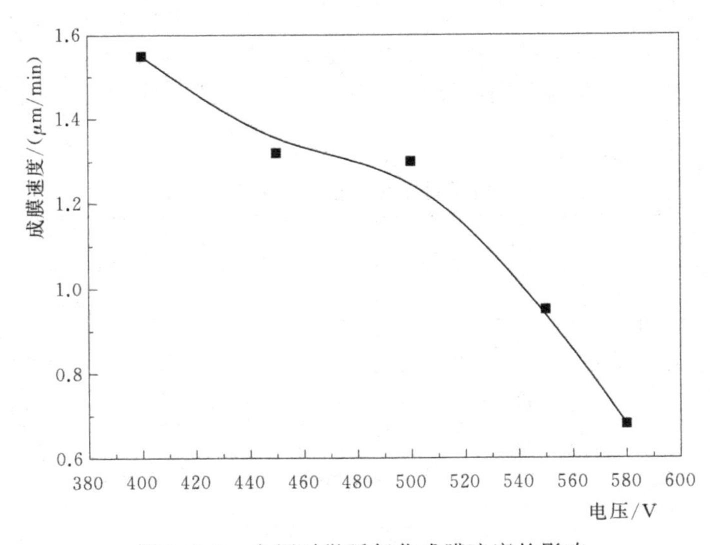

图 3.2.2　电压对微弧氧化成膜速度的影响

由此可见，要制备不同厚度的微弧氧化膜，最终电压的大小起决定性的作用，在实验采用的溶液体系中，要得到厚度为 100μm 以上的微弧氧化膜，最终电压的大小应在 560V 左右。

3.2.2 电流密度的影响

微弧氧化过程中保持频率300Hz、占空比20%不变，采用恒电流的控制方式使电流密度分别为5A/dm²、10A/dm²、15A/dm²及20A/dm²，当最高电压达到550V后即停止实验。表3.2.3为不同电流密度下制备的微弧氧化膜的厚度、所需时间及氧化膜的平均生长速度。

表3.2.3 电流密度对微弧氧化膜的影响

电流密度/(A/dm²)	微弧氧化膜厚度/μm	氧化时间/min	成膜速度/(μm/min)
5	81.7	90	0.91
10	72.3	60	1.21
15	69.6	45	1.55
20	53.1	30	1.77

图3.2.3所示为电流密度对微弧氧化膜厚度的影响。从图中可以看出，在达到相同电压的时间段内，随着微弧氧化过程中电流密度的增大，氧化膜的厚度降低，对表面粗糙度没有太大的影响。

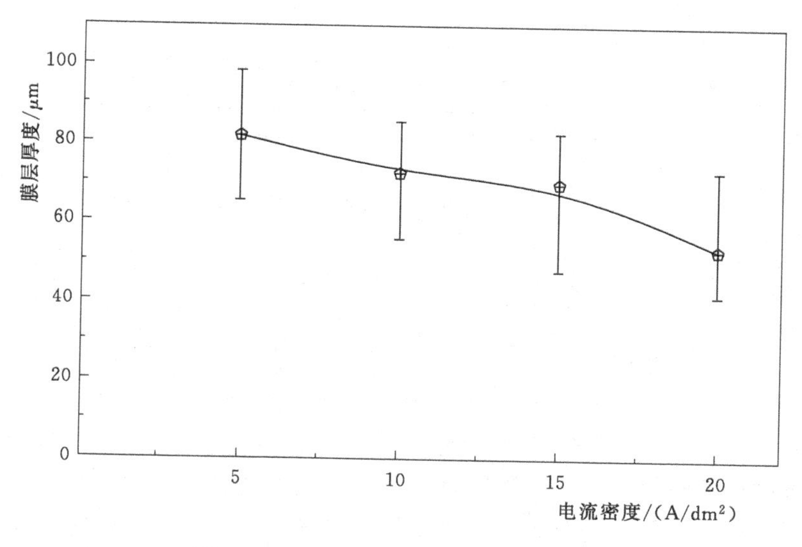

图3.2.3 电流密度对膜层厚度的影响

图3.2.4所示为不同电流密度下微弧氧化成膜速度。从图3.2.4中可以看出，随着电流密度的增大，成膜速度基本呈线性增加。电流密度的大小也会影响微弧氧化膜的结构、致密度、硬度以及与基体的结合力等指标，根据以上的实验以及他人的研究成果，电流密度应当在10～15A/dm²内。

3.2.3 频率的影响

微弧氧化过程中保持电流密度5A/dm²、占空比20%、最高正向电压550V不变，设

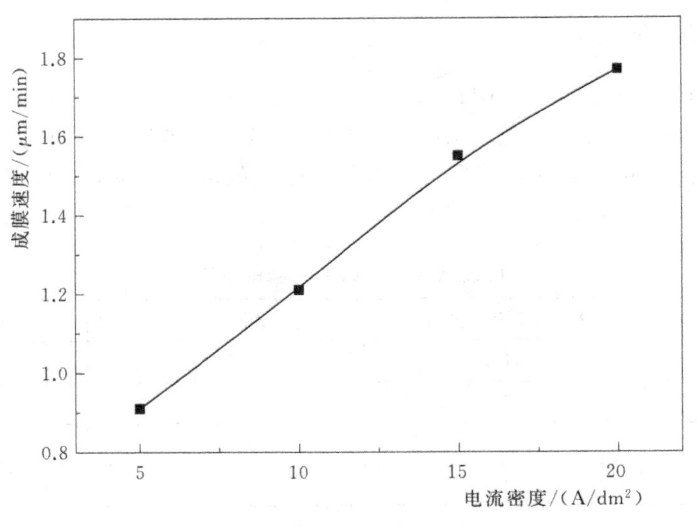

图 3.2.4　电流密度对成膜速度的影响

定频率分别为 100Hz、300Hz、600Hz、900Hz 及 1200Hz 进行微弧氧化实验，研究频率对微弧氧化膜的影响。表 3.2.4 为不同频率下制备的氧化膜的厚度、所用时间及成膜速度。

表 3.2.4　频率对微弧氧化膜的影响

频率/Hz	微弧氧化膜厚度/μm	氧化时间/min	成膜速度/(μm/min)
100	98.5	100	0.99
300	82.6	90	0.92
600	76.5	120	0.64
900	77	130	0.59
1200	75.2	150	0.50

图 3.2.5 所示为频率对微弧氧化膜厚度的影响。从图 3.2.5 中可以看出，随着频率的增加，在最终电压相同的情况下，氧化膜的厚度降低，并且在频率超过 600Hz 后，膜层厚度基本趋于稳定。氧化膜的不均匀性随着频率的增加逐渐减小，频率超过 300Hz 之后基本趋于稳定。图 3.2.6 所示为频率对微弧氧化成膜速度的影响，从图中可以看出，随着频率的增加，微弧氧化的成膜速度逐渐降低。这是因为随着脉冲频率的增加，单个脉冲的持续时间减小，其能够提供的能量也减小，小能量的脉冲不足以每次都击穿氧化膜，生长速率减缓，所以陶瓷层厚度降低。与此同时，随着频率的增加，由单个放电脉冲作用的膜层沉积量势必减小，意味着膜层的生长更为均匀，所以膜层的不均匀性减小。已有的文献也表明，随着脉冲频率的增加，氧化膜的厚度和粗糙度均降低。

根据图 3.2.5 和图 3.2.6，脉冲的频率为 300Hz 时，微弧氧化膜的厚度、表面粗糙度及成膜速度都较好，在之后对电参数进行优化的单因素实验中，固定脉冲频率为 300Hz。

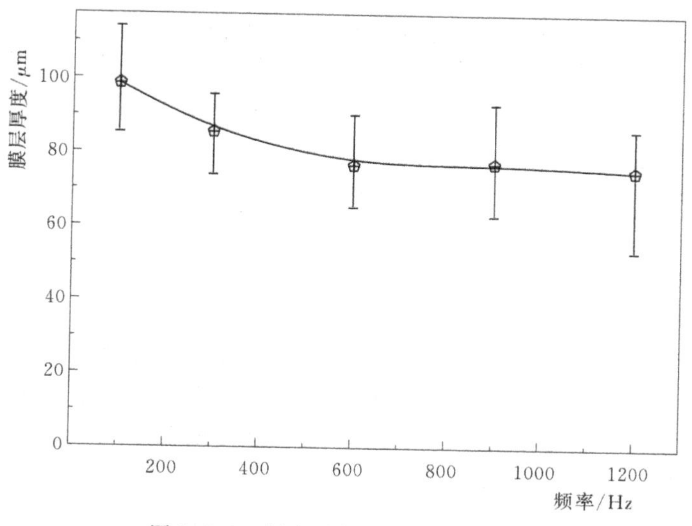

图 3.2.5 频率对氧化膜厚度的影响

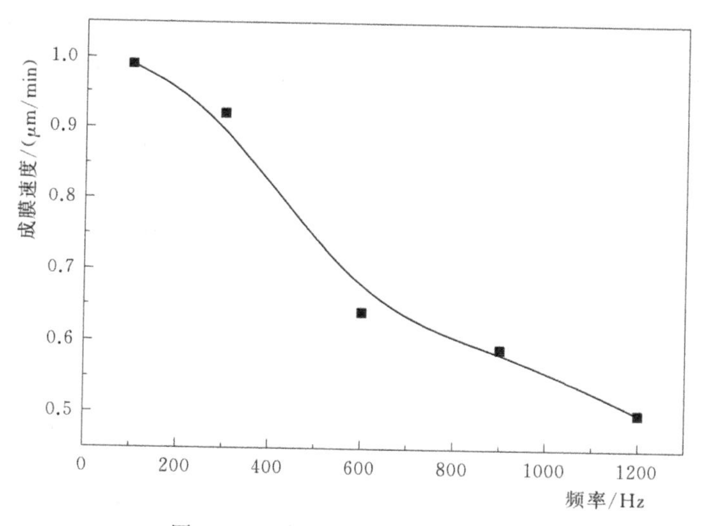

图 3.2.6 频率对成膜速度的影响

3.2.4 占空比的影响

占空比表示脉冲在一个脉冲周期中所占的比例，占空比越大表示单个脉冲的时间越长。微弧氧化过程中保持电流密度 5A/dm^2、频率 300Hz、最高正向电压 550V 不变，设定占空比分别为 10%、20%、30%、40%进行微弧氧化实验，研究占空比对微弧氧化膜的影响。表 3.2.5 为不同占空比条件下制备的微弧氧化膜厚度、所用时间及成膜速度。

微弧氧化时，电火花放电的持续时间和密度分别取决于单个脉冲的时间和能量。实验表明，占空比首先影响的是氧化膜的厚度。图 3.2.7 所示为占空比对微弧氧化膜厚度的影响，从图中可以看出，随着占空比的增加，氧化膜呈现厚度先增加后减小的变化趋势，在占空比为 30%时，氧化膜的厚度达到最大值。这是因为在更大的占空比下，单个脉冲长时

表 3.2.5 占空比对微弧氧化膜的影响

占空比/%	微弧氧化膜厚度/μm	氧化时间/min	成膜速度/(μm/min)
10	79.7	120	0.67
20	85.5	90	0.94
30	86	90	0.96
40	59.3	60	0.99

间的放电和过大的电流密度导致了膜层中的氧化物有一部分溅射到电解液中去，从而使得厚度并没有变大，反而还有下降。随着占空比的增大，单个脉冲的放电持续时间变长和膜层局部电流密度也相应变大，这就使得微弧氧化膜的生长速度变大，会使氧化膜表面粗糙度增加，如图 3.2.7 所示。当占空比大于一定值后，由于单个脉冲的能量过大，导致氧化膜的局部厚度增加过大，而形成明显的突起。图 3.2.8 所示为占空比对微弧氧化成膜速度的影响，从图中可以看出，当占空比在 10%～20%之间时，随着占空比的增加，成膜速度显著增加；当占空比大于 20%后，氧化成膜速度增加不大。随着脉冲占空比的增加，单个脉冲的放电持续时间变长且电流密度也相应变大，相应的微弧氧化膜的生长速度也会增加，占空比大于一定值后，单个脉冲长时间的放电和过大的电流密度导致了膜层中的一部分氧化物在等离子放电的强烈作用下进入溶液中，导致氧化成膜的速度增加不大。

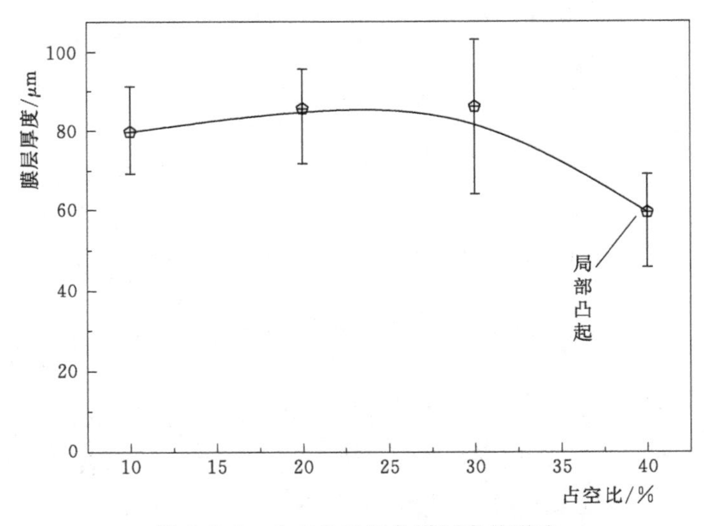

图 3.2.7 占空比对氧化膜厚度的影响

根据上面的实验，脉冲的占空比为 20%时，微弧氧化成膜的速度快、厚度大。

以微弧氧化膜的厚度及均匀度为衡量指标，通过单因素试验发现，可在 2A70 铝合金上快速制备出厚度与均匀度均比较理想的微弧氧化膜，其基础溶液组成及工艺参数如下。

30g/L 的 Na_2SiO_3、30g/L 的 $(NaPO_3)_6$、6g/L 的 NaOH、2g/L 的 Na_2EDTA

电压 570V，电流密度 10～15A/dm^2，频率 300Hz，占空比 15%～20%。

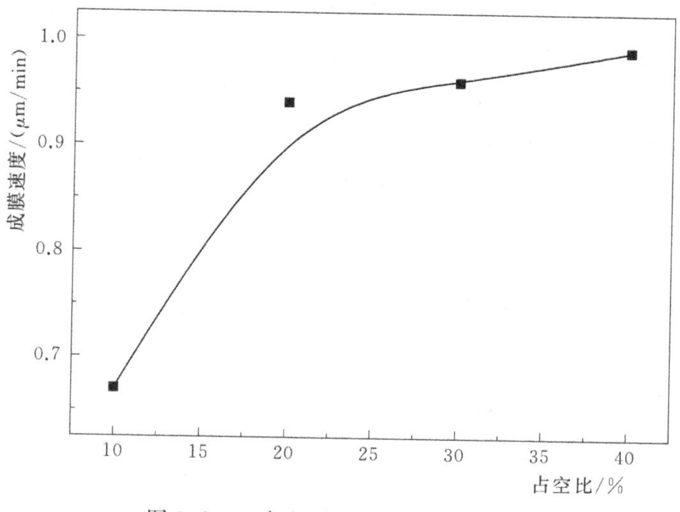

图 3.2.8 占空比对成膜速度的影响

3.3 微弧氧化工艺参数的优化

3.3.1 溶液的正交试验优化

通过前期实验可知，优化的溶液中 Na_2SiO_3、$(NaPO_3)_6$、NaOH 对微弧氧化成膜均有影响，为确定最佳的微弧氧化溶液成分，在前期实验基础上向溶液加入能够提高膜层硬度和耐磨性的 Na_2MoO_4 和 $Na_2B_4O_7$，并采用正交试验法进行优化。保持 Na_2SiO_3 的浓度为 30g/L，Na_2EDTA 的浓度为 2g/L 不变，对 NaOH、$(NaPO_3)_6$、Na_2MoO_4 和 $Na_2B_4O_7$ 这 4 种组分，采用四因素三水平的正交试验法。在其他工艺条件不变的情况下，以形成的微弧氧化膜的平均厚度和膜层的均匀性作为衡量指标。微弧氧化实验相关工艺参数为：采用恒压控制方式，电流密度为 8～10A/dm^2，电压升至 550V 停止实验，频率和占空比均为 200Hz 和 20%，溶液温度控制在 60℃以下，处理时间为 60min。

利用 L_9 (3^4) 正交表安排实验，因素水平见表 3.3.1，正交实验安排及实验结果见表 3.3.2。

表 3.3.1　正交试验因素水平

水平	因素			
	A	B	C	D
	NaOH/(g/L)	$(NaPO_3)_6$/(g/L)	Na_2MoO_4/(g/L)	$Na_2B_4O_7$/(g/L)
1	4	15	0	0
2	6	20	3	10
3	8	25	6	20

从表 3.3.2 可以看出，微弧氧化膜最厚的为第一组，厚度为 102μm 左右，对应的因素为 A1B1C1D1。生成的微弧氧化膜厚度最均匀的为第 7 组，对应的因素为 A3B1C3D2。分析 NaOH 因素对氧化膜厚度的影响。把此因素 1 水平、2 水平和 3 水平分别对应的三次试验（第 1、2、3 号试验，第 4、5、6 号试验和第 7、8、9 号试验）的厚度试验数据之和，分别记为 K_1、K_2、K_3，3 个参数的数值反映了 NaOH 的浓度对氧化膜厚度的影响。

$$K_1 = 102 + 98 + 66.5 = 266.5 \tag{3.3.1}$$

$$K_2 = 93.5 + 93 + 100.5 = 287 \tag{3.3.2}$$

$$K_3 = 80 + 93 + 91.5 = 264.5 \tag{3.3.3}$$

表 3.3.2　基础溶液正交实验表及实验结果

因素	A	B	C	D	实验指标	
编号	NaOH /(g/L)	$(NaPO_3)_6$ /(g/L)	Na_2MoO_4 /(g/L)	$Na_2B_4O_7$ /(g/L)	氧化膜厚度 /μm	均匀性（标准差）
1	1 (4)	1 (15)	1 (0)	1 (0)	102	15.9
2	1	2 (20)	2 (3)	2 (10)	98	9.5
3	1	3 (25)	3 (6)	3 (20)	66.5	10.3
4	2 (6)	1	2	3	93.5	14.8
5	2	2	3	1	93	6.0
6	2	3	1	2	100.5	7.7
7	3 (8)	1	3	2	80	4.7
8	3	2	1	3	93	8.5
9	3	3	2	1	91.5	9.3

将数据除以水平数 3，得到每一水平下实验指标“氧化膜厚度”的平均值，即

$$k_1 = 88.8$$

$$k_2 = 95.7$$

$$k_3 = 81.2$$

极差
$$R = 95.7 - 81.2 = 14.5$$

用同样的方法可以得到 $(NaPO_3)_6$、Na_2MoO_4 和 $Na_2B_4O_7$ 因素对氧化膜厚度及均匀性的极差值。将各因素的极差分析结果列于表 3.3.3 中。通过极差分析各因素对氧化膜厚度的影响，其主次为 C＞B＞D＞A，对氧化膜的均匀性影响作用为 C＞D＞B＞A。Na_2MoO_4 对氧化膜的厚度影响最大，取 1 水平时氧化膜厚度最大，但此时膜层的均匀性较差，综合考虑两个指标中厚度的重要性，Na_2MoO_4 的浓度取 0g/L。$(NaPO_3)_6$ 的浓度取 2 水平时氧化膜的厚度最大；取 2 水平时均匀度最好，所以 $(NaPO_3)_6$ 的浓度取 20g/L。$Na_2B_4O_7$ 的浓度取 1 水平时氧化膜的厚度最大；取 2 水平时均匀性最好，取 2 水平时厚度和 1 水平相差不大，综合考虑 $Na_2B_4O_7$ 的浓度取 2 水平即 10g/L。NaOH 的浓度取 3 水平时，微弧氧化膜的厚度和均匀性都最好，所以 NaOH 的浓度取 8g/L。

表 3.3.3 极差分析

评价指标	指标因素	A	B	C	D
氧化膜厚度/μm	k_1	88.8	91.8	98.3	95.5
	k_2	95.7	94.7	94.3	92.8
	k_3	81.2	86.2	79.8	84.3
	极差 R_1	14.5	8.5	24.5	11.2
	优化结果	A3	B2	C1	D1
氧化膜均匀性/μm	h_1	11.9	11.8	10.7	10.4
	h_2	9.5	8	11.2	7.3
	h_3	7.5	9.1	7	11.2
	极差 R_2	3.4	3.8	4.2	3.9
	优化结果	A3	B2	C3	D2

根据以上分析，得到优化后的微弧氧化溶液体系的组成为 30g/L 的 Na_2SiO_3、20g/L 的 $(NaPO_3)_6$、8g/L 的 NaOH、10g/L 的 $Na_2B_4O_7$ 及 2g/L 的 Na_2EDTA。

3.3.2 钼酸钠的影响

根据前期的正交试验结果，得到的最佳电解液中不含有 Na_2MoO_4，但是在实验中发现，Na_2MoO_4 对微弧氧化膜的厚度及均匀性影响作用都是最大的，由研究表明，添加剂 Na_2MoO_4 的加入不仅能抑制微弧氧化膜中多孔层的形成，而且对于改善氧化膜的相组成，提高微弧氧化膜耐磨性能也具有较为明显的作用。因此，进一步采用单因素实验法，在以上溶液中分别加入 1g/L、2g/L、3g/L、4g/L 及 5g/L 的 Na_2MoO_4，研究 Na_2MoO_4 对微弧氧化成膜过程、氧化膜厚度、均匀度及硬度的影响。

1. 钼酸钠对起弧电压的影响

在电压升高过程中，试样表面首先经历阳极氧化阶段，在试样表面形成一定厚度的阳极氧化膜。继续升高电压，达到绝缘氧化膜的击穿电压时，阳极氧化膜被击穿，试样表面出现火花放电现象。被击穿的介质分为电极表面的绝缘氧化膜和由于化学或电化学反应生成的气体膜两种，实际的击穿过程可能是氧化膜击穿和气体膜击穿同时发生。火花最先出现在试样的尖角和边缘部位，这是因为试样尖角和边缘部位的曲率较大，电荷分布密度大，局部电流密度大，达到膜层的击穿电压，先出现弧点，这时对应的正向电压为起弧电压值。

图 3.3.1 所示为 Na_2MoO_4 对微弧氧化过程中起弧电压的影响。从图中可以看出，当 Na_2MoO_4 的浓度从 1g/L 增加到 5g/L，微弧氧化过程的起弧电压也从 268V 降低到 254V，起弧电压随 Na_2MoO_4 浓度的升高而降低。试验过程中还发现，Na_2MoO_4 浓度达到 5g/L 时，试样表面在电压 160V 左右就会出现一些黄色火星。文献指出，微弧氧化过程中阳极对钼酸根的吸附力极强，Na_2MoO_4 的加入使阳极对电解质的吸附加强，同时 Na_2MoO_4 的加入使溶液的电导率增大，从而降低了起弧电压。

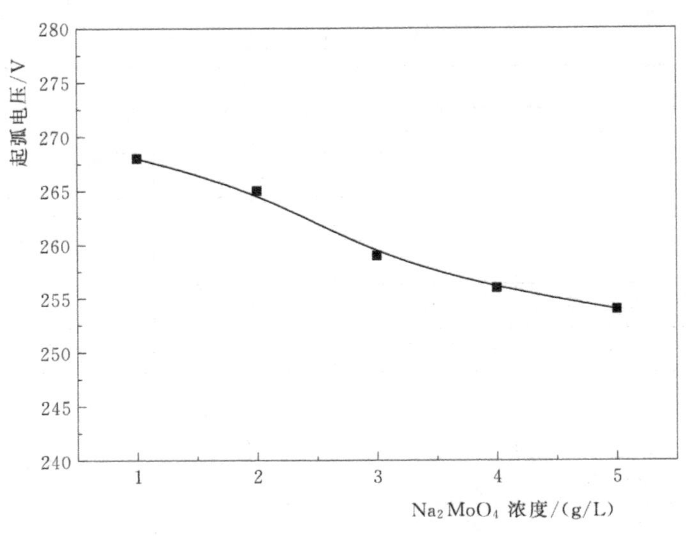

图 3.3.1　Na_2MoO_4 浓度对起弧电压的影响

2. 钼酸钠对膜层厚度及均匀性的影响

图 3.3.2 是 Na_2MoO_4 含量对微弧氧化膜平均厚度及膜层均匀性的影响。从图中可以看出，当 Na_2MoO_4 浓度从 1g/L 增加至 2g/L 后，膜层的平均厚度稍有增加，膜层的均匀性（标准差）基本上没有变化；当 Na_2MoO_4 含量超过 2g/L 时，膜层的平均厚度先减小后增大，Na_2MoO_4 含量为 4g/L 时厚度最小，膜层的均匀性也最小。

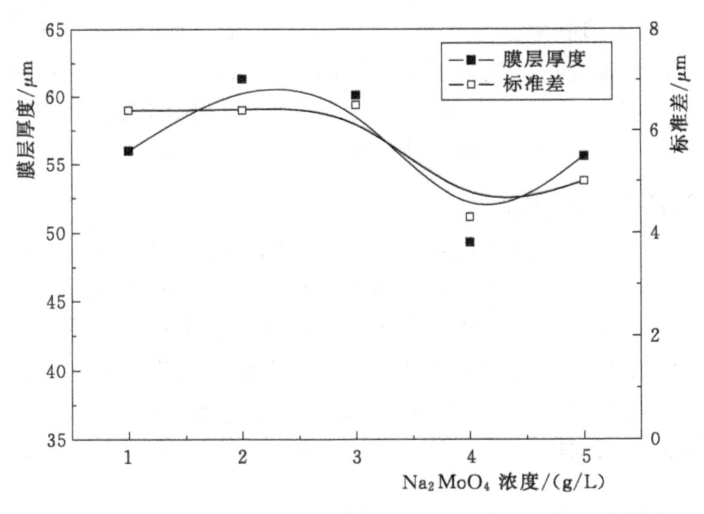

图 3.3.2　Na_2MoO_4 浓度对微弧氧化膜厚度及均匀性的影响

3. 钼酸钠对显微硬度的影响

图 3.3.3 所示为 Na_2MoO_4 浓度对微弧氧化膜显微硬度的影响。从图中可以看出，膜层的显微硬度随 Na_2MoO_4 浓度的增加而提高，这表明 Na_2MoO_4 的浓度在一定范围内，可以提高微弧氧化膜层的显微硬度。综合考虑 Na_2MoO_4 对微弧氧化过程、氧化膜厚、均匀性及硬度的影响，最终确定微弧氧化溶液中 Na_2MoO_4 的含量为 2g/L。

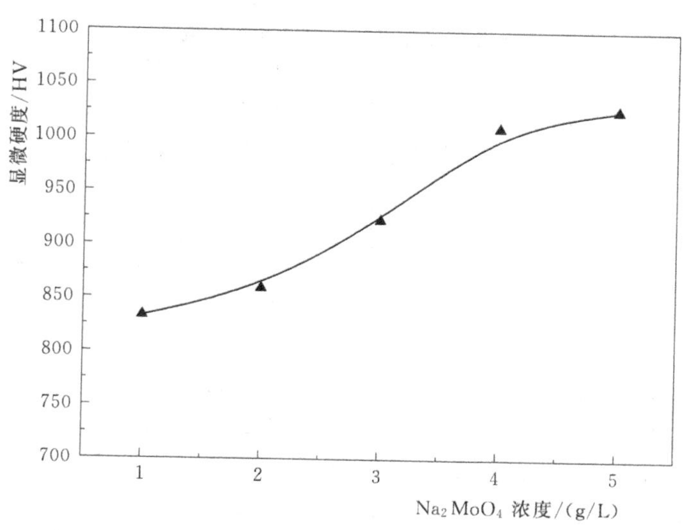

图 3.3.3　Na_2MoO_4 浓度对微弧氧化膜显微硬度的影响

3.3.3　电参数的正交优化

微弧氧化溶液成分不同，其适用的最佳电参数也不相同。对经过优化的溶液成分，在前期的实验中发现，电压、电流密度、频率及占空比对微弧氧化膜的厚度及表面均匀度均有影响，但是各因素的作用大小并没有研究，因此采用正交实验法确定最佳的电参数及各参数的影响作用大小。因素水平表见表 3.3.4，实验过程中采用恒流控制方式，并保持一定的电流值大小不变，电压上升至预定值后停止实验。利用 L_9（3^4）正交表安排实验，正交实验安排及实验结果见表 3.3.5。

表 3.3.4　电参数因素水平表

水平	因素			
	电压/V	电流密度/(A/dm²)	频率/Hz	占空比/%
1	500	5	100	10
2	530	10	200	15
3	560	15	600	20

从表 3.3.5 中可以看出，微弧氧化膜厚度最大的为 8 号，氧化膜表面均匀度最好的为 3 号。微弧氧化膜厚度和均匀度的极差分析结果见表 3.3.6。从表 3.3.6 中的极差分析结果可以看出，对厚度的影响主次为电压＞频率＞电流＞占空比；对氧化膜均匀度的影响作用电压最大，电流次之，占空比和频率作用相当。电压的大小对微弧氧化膜的厚度及表面均匀度起着决定性的作用，微弧氧化的电压最终电压越高，所得到的氧化膜的厚度就越大，但是氧化膜的均匀度也越差。电流密度对微弧氧化膜的厚度及表面均匀度均有影响，根据前期的实验，电流密度对氧化膜的成膜速度有很大的影响，结合表 3.3.5，电流密度的值 $10A/dm^2$。根据表 3.3.5 和表 3.3.6 以及前期电参数的实验结果，占空比取 15%，频率 200Hz。

表 3.3.5　　电参数正交试验安排及实验结果

因素	A	B	C	D	实验指标	
编号	电压/V	电流密度/(A/dm²)	频率/Hz	占空比/%	氧化膜厚度/μm	标准差/μm
1	1 (500)	1 (5)	1 (100)	1 (10)	34.8	4.7
2	1	2 (10)	2 (200)	2 (15)	23.1	2.7
3	1	3 (15)	3 (600)	3 (20)	20.2	1.6
4	2 (530)	1	2	3	43.2	7.2
5	2	2	3	1	36.1	7.4
6	2	3	1	2	45.7	5.1
7	3 (560)	1	3	2	84.9	11.4
8	3	2	1	3	97.5	13.5
9	3	3	2	1	44.1	10.5

表 3.3.6　　氧化膜厚及均匀性极差分析

评价指标	指标因素	电压/V	电流密度/(A/dm²)	频率/Hz	占空比
膜层厚度/μm	k_1	26	54.3	59.3	38.3
	k_2	41.7	52.2	36.8	51.2
	k_3	75.5	36.7	47.1	53.6
	极差 R_1	49.5	17.6	22.5	15.3
	优化结果	3	1	1	3
膜层均匀度/μm	h_1	3	7.8	7.8	7.5
	h_2	6.6	7.9	6.8	6.4
	h_3	11.8	5.7	6.7	7.3
	极差 R_2	8.8	2.2	1.1	1.1
	优化结果	1	3	3	2

根据电参数的正交试验及前期单因素实验结果，确定的电参数为电流密度 $10A/dm^2$、频率 200Hz、占空比为 15%。

3.3.3.1　电压对微弧氧化膜的影响

微弧氧化过程中采用恒流控制方式，电流密度为 $10A/dm^2$，频率为 200Hz，占空比为 15%，分别氧化处理 30min、40min、50min 及 60min，使微弧氧化过程中所能达到的不同最终电压，制备厚度不同的微弧氧化膜，研究最终电压的大小对微弧氧化膜的显微硬度随厚度的影响。表 3.3.7 为经过以上不同时间氧化处理所达到的最终电压。

表 3.3.7　　经过不同氧化处理后的最终电压

时间/min	30	40	50	60
终止电压/V	556	563	568	573

1. 电压对微弧氧化膜硬度的影响

在微弧氧化过程中，膜层的生长速率不是恒定的，而是随氧化过程的进行不断变化的。微弧氧化初期，电压上升速度很快，升至500V之后，电压上升速度减慢。由于铝合金表面微弧氧化形成的膜层是绝缘的，氧化过程需要依靠高压将膜层击穿产生火花放电，膜层及基体在火花放电产生的高温下熔融才能进行。氧化初期，膜层很薄，电阻也较小，很容易被击穿，微弧氧化过程可以在试样的整个表面均匀地进行，膜层的生长速率快，所以电压上升速度很快。随着氧化膜厚度的增加，膜层的电阻增加，击穿膜层需要更高的电压，且只有部分较薄的地方被击穿，膜层只是在局部生长，膜层整体的增厚速率减缓，致使电压上升速度减慢。电压与微弧氧化膜层厚度关系如图3.3.4所示。

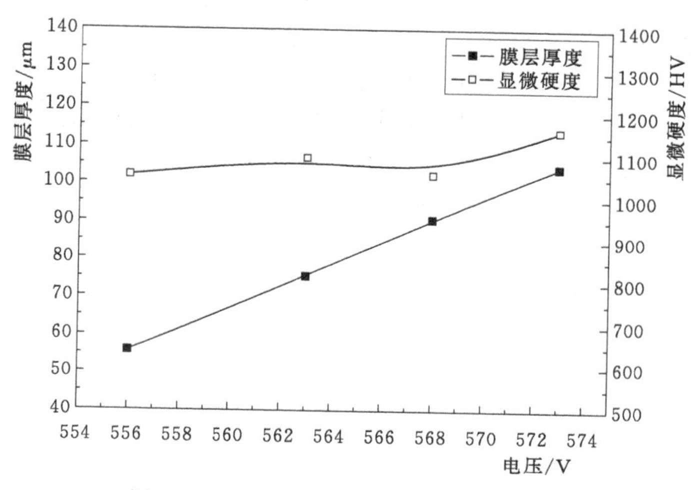

图3.3.4 电压与膜层厚度、硬度的关系

在膜层断面上选取膜层中心位置测量其显微硬度，膜层硬度与电压的关系如图3.3.4所示。从图中可以看出，膜层的显微硬度在1000～1200HV之间，随微弧氧化处理时间的增加，膜层的硬度呈逐渐增加的趋势。随着电压的增加，膜层厚度增加，火花放电的能量增加，产生的熔融物冷却速度降低，使膜层中$\alpha-Al_2O_3$的含量增加，所以微弧氧化膜的硬度呈逐渐增加的变化趋势。

2. 电压对微弧氧化膜耐磨性的影响

微弧氧化的最大优势在于能在铝及铝合金表面制备一层致密、高硬度的类似于陶瓷结构的氧化膜，提高铝合金的耐磨性能、耐蚀性、抗热冲击及绝缘性。微弧氧化膜的耐磨性能与其硬度、致密性等密切相关。因此，耐磨性能是衡量铝合金微弧氧化膜的一个重要指标，也是对铝合金进行微弧氧化处理的目的之一。采用恒流控制方式，电流密度10A/dm^2，频率200Hz，占空比15%，分别氧化处理30min、40min、50min及60min，制备厚度不同的微弧氧化膜，研究微弧氧化膜厚度与其耐磨性之间的关系。

测试装置为沈阳仪器仪表工艺研究所生产的PM－I型轮式磨损试验机。轮子外缘绕以12mm宽的320号碳化硅砂纸，载荷为500g。固定研磨轮，试样在水平方向上做往复运动，轮子与试样之间保持水平接触。试样滑动一个行程之后，轮子便向前转动一个小角度，砂纸带便转入一个新的表面。行程的次数由计数器记录，当达到预定的400行程后自动停机，此时研磨轮刚好转过一周。耐磨性WR，用磨损1μm氧化膜所需的行程次数表示，计算公式为

$$WR=\frac{400}{d_1-d_2} \tag{3.3.4}$$

式中　d_1——磨损前的平均厚度，μm；

d_2——磨损400次后的平均厚度，μm。

每次进行磨损测试之前都要更换新砂纸，以保证每次都用同样的磨损介质接触试样。

图3.3.5所示为经过不同氧化时间制备的氧化膜耐磨性实验结果。从图中可以看出，随着氧化时间的延长，膜层的耐磨性变差。按照前面的硬度实验结果，氧化时间越长，试样的硬度（氧化膜中间部位）越高，其耐磨性应该越好。膜层的耐磨性不仅与其硬度的大小有关，也与致密性有很大关系。随着电压的升高，微弧氧化膜的厚度增加，其表面粗糙度增加，氧化膜外层的孔洞增多，通常所说的疏松层的厚度增加，这是由微弧氧化的成膜特点所决定的。进行磨损实验时，氧化时间较长的试样，厚度的减少大多是因为疏松层的损失，所以膜层的耐磨性变差。

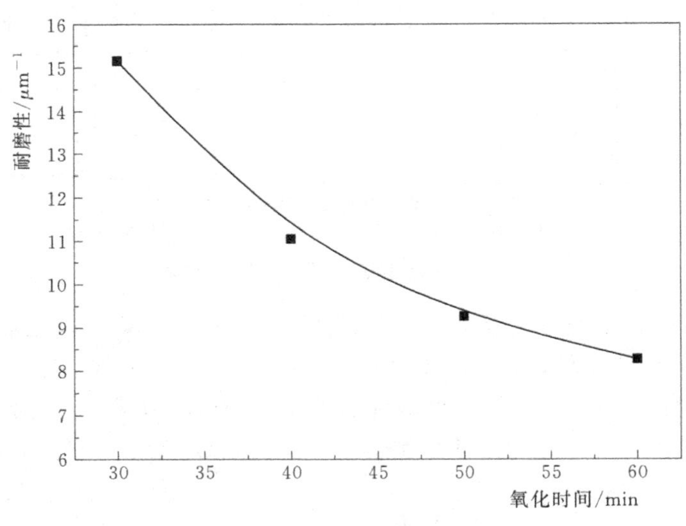

图3.3.5　氧化膜厚度与耐磨性的关系

3.3.3.2　电流密度对微弧氧化膜的影响

微弧氧化过程中采用恒流控制方式，频率为200Hz，占空比为15%，分别采用电流密度为2.5A/dm^2、5A/dm^2、7.5A/dm^{2}及10A/dm^{2}对其进行氧化处理60min。研究电流密度的大小对微弧氧化膜的厚度、显微硬度及耐磨性的影响。

1. 电流密度对微弧氧化膜厚度、硬度的影响

微弧氧化膜的厚度、硬度与电流密度的关系如图3.3.6所示。从图3.3.6中可以看出，随着电流密度的增加，微弧氧化膜的厚度趋于线性的增加，说明随着电流密度的增加，微弧氧化成膜速度增加。随着电流密度的增加，氧化过程中击穿氧化膜的部位增多，

氧化膜生长速度增加。从图 3.3.6 中可以看出，随着电流密度的增大，氧化膜硬度增加，这是因为随着电流密度的增大，放电通道内温度和压力都增大，导致膜层中 $\alpha-Al_2O_3$ 含量增加，因此膜层硬度增加，最终使其显微硬度值可达到 1100HV 左右。电流密度较小时，放电能量也小，温度较低，氧化膜主要组成相为 $\gamma-Al_2O_3$，因此膜层硬度较小。

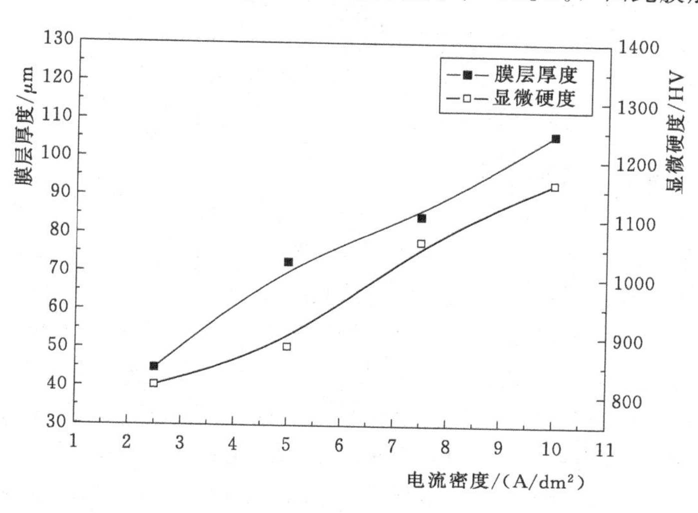

图 3.3.6 电流密度对膜层厚度、硬度的影响

2. 电流密度对微弧氧化膜耐磨性的影响

图 3.3.7 所示为电流密度与微弧氧化膜的耐磨性关系。从图中可以看出，随着电流密度的增加，微弧氧化膜的耐磨性先降低后增加。电流密度增加，氧化膜的厚度和硬度增加，同时，微弧氧化膜中表面疏松层的厚度也随之增加。磨损过程中，疏松层硬度降低，导致耐磨性差。所以随着电流密度增大，耐磨性反而变差。

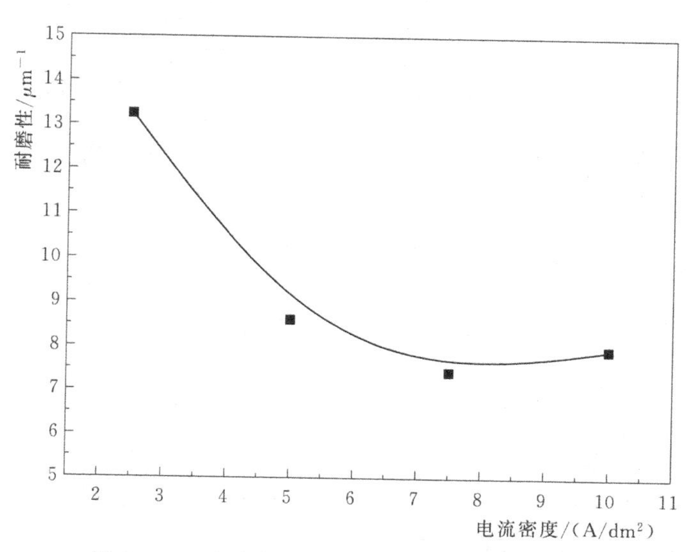

图 3.3.7 电流密度对微弧氧化膜耐磨性的影响

3.3.3.3　氧化时间对微弧氧化膜的影响

在微弧氧化膜的实际制备过程中，往往保持溶液成分不变，采用固定的电参数或分阶段控制，在不同的设定时间内制备出具有不同厚度、硬度及性能的微弧氧化膜。前面的实验也表明，在其他工艺参数不变的情况下，微弧氧化最终电压的大小与氧化处理的时间有直接的关系。采用上述溶液中，保持频率为 200Hz，占空比为 15%，采用 $10A/dm^2$ 的电流密度氧化处理 25min、30min、35min、40min 及 45min，研究氧化处理时间对铝合金微弧氧化膜厚度、硬度及膜层形貌的影响。

1. 氧化时间对膜层厚度的影响

在微弧氧化过程中，膜层的生长速率不是恒定不变的，而是随氧化过程的进行不断发生变化。在实验采用的溶液中，电压升至 480V 之前，峰值电流和平均电流均随反应的进行迅速下降，需要不断提高正向电压以保持恒定的电流密度；当电压进一步升高时，平均电流和峰值电流下降的速度减慢。铝合金表面微弧氧化形成的膜层是绝缘的，氧化过程需要依靠高压将膜层击穿，基体在高温下熔融才能进行。氧化初期，膜层很薄，电阻也较小，很容易被击穿，火花放电可以在整个试样的表面均匀地进行，膜层的生长速率快。随着膜层厚度的增加，膜层的电阻增加，击穿膜层需要更高的电压，且只有部分较薄的地方被击穿，膜层只是在局部生长，膜层整体的生长速率减缓。实验结果发现，微弧氧化过程前 30min，膜层的生长速率较快，可形成平均厚度为 100μm 左右的膜层，膜层的生长速率超过 3μm/min；而处理时间为 45min 时，膜层厚度仅比处理时间为 30min 时增加 20μm 左右，如图 3.3.8 所示。

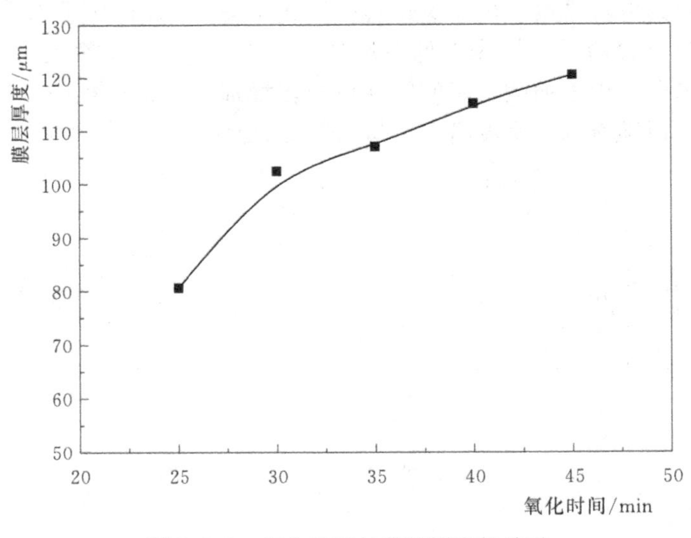

图 3.3.8　氧化时间与膜层厚度的关系

2. 氧化时间对膜层硬度的影响

在膜层断面上选取靠近基材、膜层中心、靠近表面的 3 个点测量其显微硬度，取其平均值，膜层厚度与氧化处理时间的关系如图 3.3.9 所示。从图中可以看出，膜层的显微硬度在 800HV 左右，随氧化处理时间的增加，膜层的硬度呈增加的趋势。

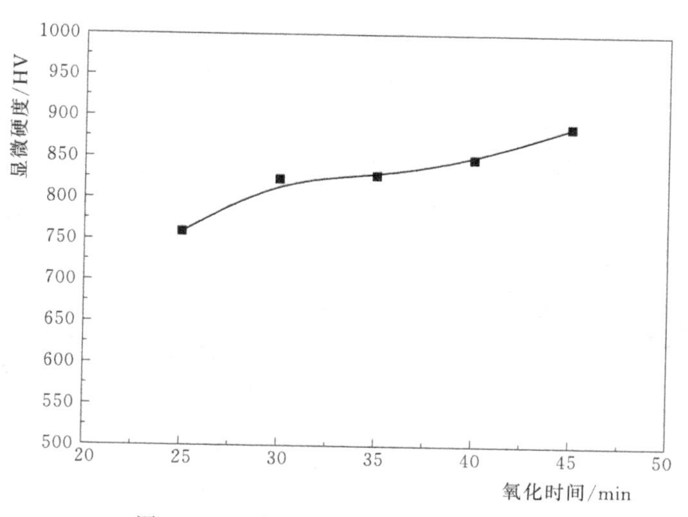

图 3.3.9 处理时间与显微硬度的关系

3. 氧化时间对膜层表面形貌的影响

图 3.3.10 所示为经过不同时间氧化处理获得的氧化膜表面微观形貌。从图中可以看出，不同处理时间的膜层表面孔洞数量、大小都有很大的差异。处理时间为 25min 的试样表面孔径较小，分布比较均匀；处理时间为 45min 的试样孔径较大，孔径在试样表面分布不均匀，并且表面有很多凸起的地方。这些凸起一般都有较大的孔洞存在，是由于氧化处理后期，放电火花数量少，并且尺寸大，形成的放电通道在周围溶液快速冷却作用下来不及完全封闭而形成的。

4. 氧化时间对膜层断面形貌的影响

图 3.3.11 所示为处理时间膜层的断面形貌。从图中可以看出，随着处理时间的增加，

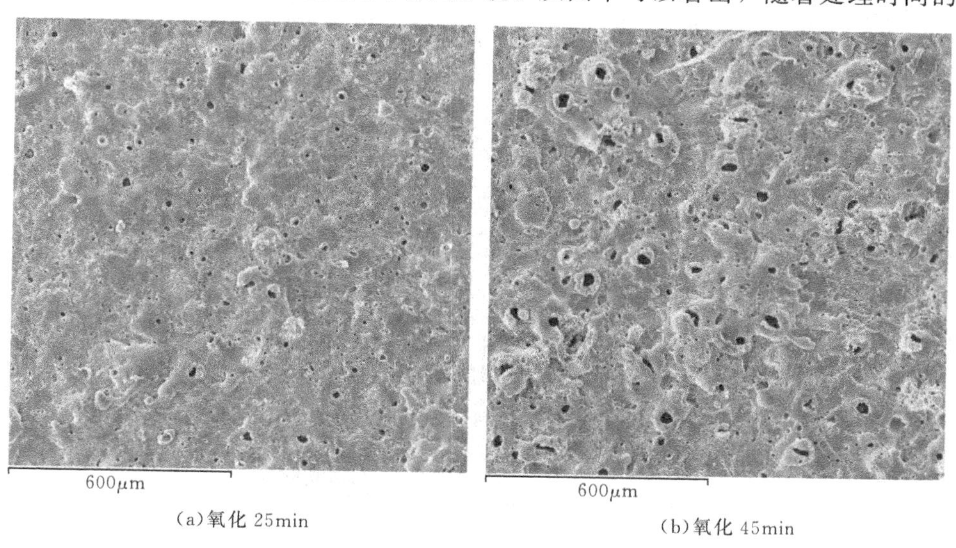

(a)氧化 25min　　(b)氧化 45min

图 3.3.10（一） 不同处理时间，试样不同放大倍数下的表面形貌

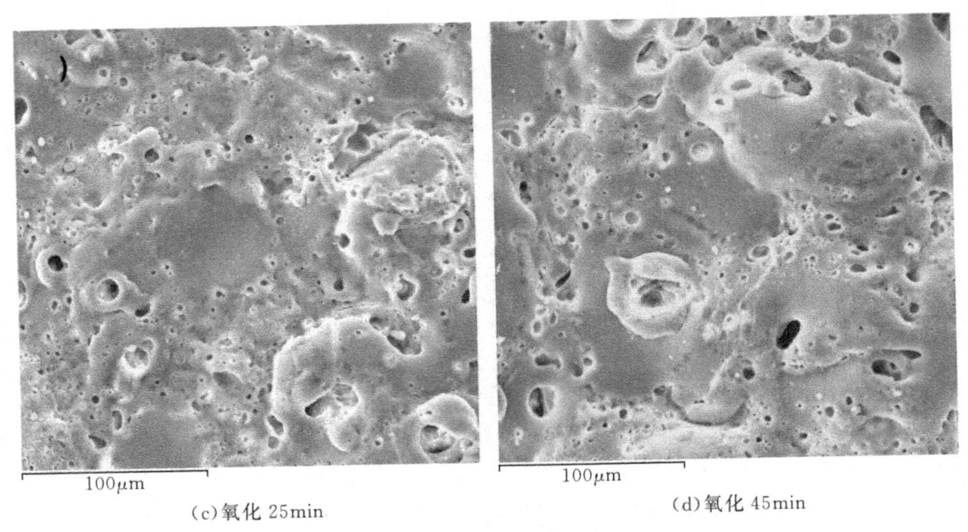

(c)氧化 25min　　(d)氧化 45min

图 3.3.10（二）　不同处理时间，试样不同放大倍数下的表面形貌

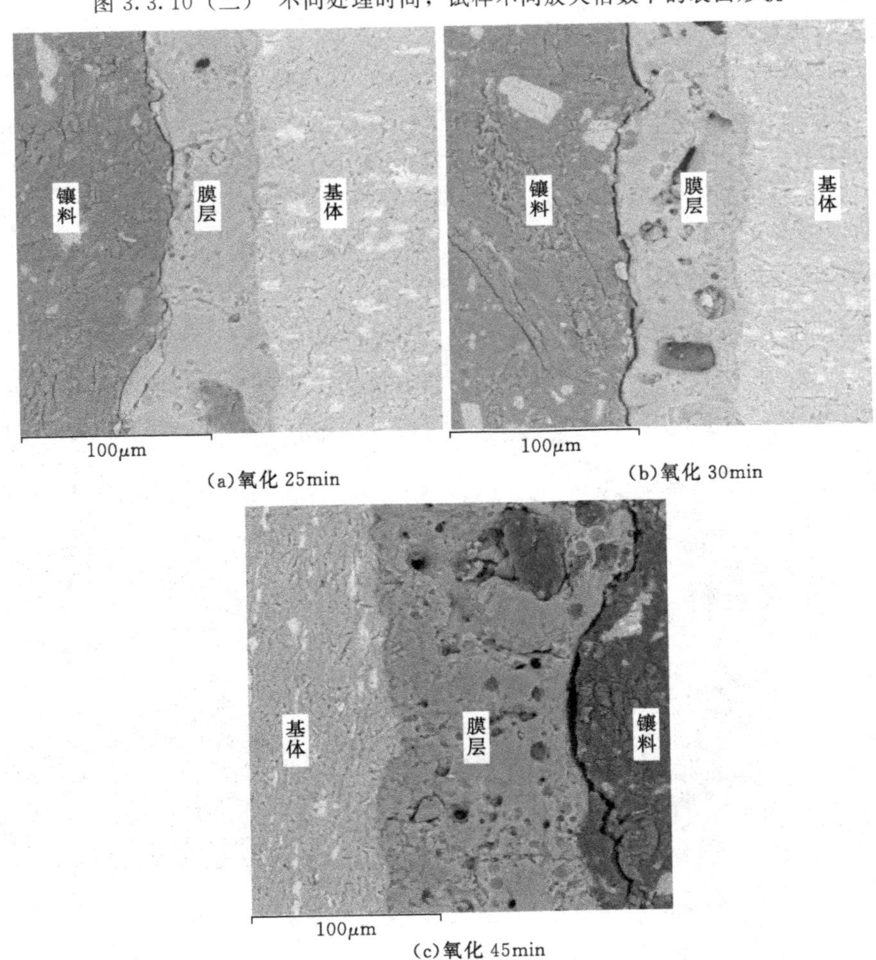

(a)氧化 25min　　(b)氧化 30min

(c)氧化 45min

图 3.3.11　不同处理时间的膜层断面形貌对比

断面的孔洞数量和孔径都增加。处理时间为25min的断面比较致密，孔洞较少；处理时间为30min的断面孔径增大，且孔洞中有一些碎裂的氧化物颗粒；处理时间为45min的断面孔洞数量更多，并且靠近试样表面的孔洞中有一些被镶料填充，这也是为什么随着氧化处理电压的增加，虽然膜层厚度增加，但是耐磨性却变差的原因。

3.4 本章小结

（1）通过优化获得的铝合金微弧氧化溶液组成如下：30g/L的Na_2SiO_3、20g/L的$(NaPO_3)_6$、8g/L的NaOH、10g/L的$Na_2B_4O_7$、2g/L的Na_2MoO_4及2g/L的Na_2EDTA；适宜的电参数为电流密度$10A/dm^2$、频率200Hz、占空比15%。

（2）微弧氧化溶液中Na_2MoO_4的加入能够降低微弧氧化过程的起弧电压，增加微弧氧化膜的厚度，改善表面粗糙度，提高微弧氧化膜的硬度。

（3）电压、电流密度、频率及占空比4种电参数中，电压和电流对微弧氧化膜的厚度及表面粗糙度影响最大。微弧氧化过程中随着电压的增加，微弧氧化膜的厚度增加，膜层中间部位的显微硬度增加，由于膜层表面孔洞增多，疏松层厚度增加，致使膜层的耐磨性降低。随着电流密度的增加，微弧氧化膜的厚度及硬度均增加，但是耐磨性变差。

第4章 预制溶胶粒子对铝合金微弧氧化的影响

微弧氧化溶液、电参数以及基材成分被认为是决定微弧氧化膜厚度、形貌、相组成及性能的3个重要因素。研究表明，溶液中少量的添加剂就能对膜层的形貌、成分、结构及性能产生显著的影响。在铝、镁等合金阳极氧化溶液中加入溶胶粒子，利用溶胶微粒的化学吸附作用及微米、纳米粒子表面效应，参与影响氧化成膜，能够显著提高氧化成膜效率，使膜层更加均匀致密以及提高耐腐蚀性能[124-127]。研究结果表明，在镁合金微弧氧化溶液中加入钛溶胶和铝溶胶粒子，得到的膜层微观形貌、成分、相组成都发生了改变，并且耐腐蚀性有明显的提高[47,53]。

本章是以第3章获得的铝合金微弧氧化工艺为基础，在溶液中加入不同量的预先制备好的钛溶胶和锆溶胶，研究这两种预制溶胶粒子的加入对铝合金微弧氧化膜层外观、微观形貌、成分及性能的影响，探讨溶胶粒子参与氧化成膜的作用机制。

4.1 钛溶胶粒子的影响

4.1.1 钛溶胶对溶液的影响

实验中钛溶胶采用的制备方法是：将一定量的钛酸四丁酯加入到无水乙醇中搅拌均匀，搅拌条件下将三乙醇胺和去离子水的均匀混合物缓慢滴加到钛酸四丁酯和无水乙醇的混合液中，搅拌一定时间，得到淡黄色透明液体；其中钛酸四丁酯∶无水乙醇∶三乙醇胺∶水的体积比为3∶12∶1∶1。

实验发现，在第3章中优化得到的铝合金微弧氧化溶液中加入1vol.%～2vol.%的钛溶胶后，制备的微弧氧化膜由原来的灰色转变为黑色，并且氧化成膜速度加快，这意味着溶液中加入的钛溶胶粒子参与了氧化成膜。同时发现，溶液中加入钛溶胶后变得不稳定，出现凝胶和淡黄色沉淀现象。这说明所采用的微弧氧化溶液与钛溶胶存在不能很好共存的问题。

从微弧氧化溶液和溶胶粒子的pH值分析，溶液pH值约为11，钛溶胶的pH值为7～8，pH值的差异可能是钛溶胶不能与氧化溶液稳定共存的原因。实验发现，在溶液中含有Na_2SiO_3的情况下，加入钛溶胶后产生凝胶、沉淀问题，即使加入柠檬酸调节pH值也难以实现溶液的稳定。鉴于此原因，最终将溶液中的Na_2SiO_3去除，增加$(NaPO_3)_6$的含量至40g/L。表4.1.1是在5种组分的溶液中（各100mL）分别加入4mL钛溶胶后的变化情况。从表中可以看出pH值高于9的两种溶液出现凝胶现象，而pH值低于9的溶液没有变化。这也是pH值的差异使微弧氧化溶液中加入钛溶胶后出现稳定性问题的原因。一方面，可以通过减少溶液中NaOH含量来降低溶液pH值；另一方面，也可选定

一种弱酸性物质（如 NaH_2PO_4、$C_6H_8O_7$）调整溶液 pH 值。实验结果证明，这两种方式都可以有效避免微弧氧化溶液中加入钛溶胶后出现凝胶、沉淀现象。经过实验，最终确定微弧氧化溶液组成为 40g/L 的 $(NaPO_3)_6$、10g/L 的 $Na_2B_4O_7$、5g/L 的 NaOH，并加入适量的 $C_6H_8O_7$ 调节溶液 pH 值至 9～10。

在铝合金磷酸盐体系微弧氧化溶液中，分别加入 2vol.%、4vol.%、6vol.%、8vol.%、10vol.%及 12vol.%的钛溶胶，研究溶液中钛溶胶的含量对氧化膜外观、微观形貌、成分、组织结构以及性能的影响。实验中采用恒流控制方式，实验过程中保持电流密度为（有效值）$10A/dm^2$、频率为 200Hz、占空比为 15%，氧化处理时间为 30min。

表 4.1.1　　不同溶液中加入钛溶胶后的变化

编号	溶质	pH 值	稳定性
1	$(NaPO_3)_6$	8	无变化，能稳定共存
2	Na_2MoO_4	9～10	2h 后浑浊，变凝胶
3	NaOH	14	10min 后浑浊，变凝胶
4	$Na_2B_4O_7$	8～9	无变化
5	$C_6H_8O_7$	6	刚加入浑浊，之后很快变澄清

4.1.2 钛溶胶对氧化过程时间-电压的影响

图 4.1.1 所示为含有不同量钛溶胶溶液中微弧氧化过程中电压随时间的变化曲线。从图中可以看出，尽管钛溶胶的加入使电压-时间曲线出现了差异，但是电压随时间的变化都可以分为 3 个阶段，分别为电压的快速增加阶段、缓慢增加阶段和基本保持稳定阶段。从图 4.1.1 中可以看出，随着溶液中钛溶胶含量的增加，微弧氧化处理的起弧电压、氧化电压和终止电压增加。

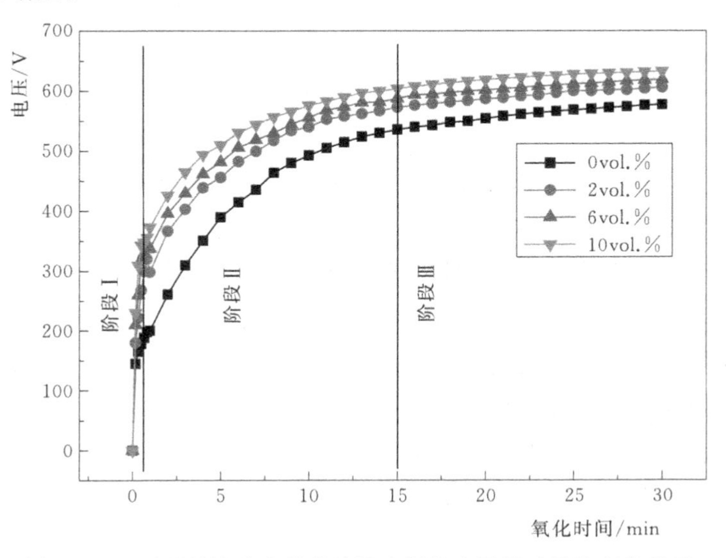

图 4.1.1　不同钛溶胶含量的溶液中氧化电压随时间的变化关系

起弧电压又称为击穿电压，Ikonopisov[78]根据溶液/氧化膜界面的电子雪崩理论提出了一个击穿电压的理论模型。根据这一理论模型，击穿电压与溶液的电导率符合以下的方程，即

$$U_B = a_B + b_B \log(1/k) \quad (4.1.1)$$

对于特定的金属和溶液来说，式中 a_B 和 b_B 是常数，U_B 为击穿电压，k 为电导率。从式（4.1.1）可以看出，溶液的击穿电压和电导率有关，并且随着电导率的增加击穿电压降低。图 4.1.2 所示为溶液电导率随溶胶含量的变化，可以看出，随着溶液中钛溶胶含量的增加，电导率降低。这是因为钛溶胶的主要成分为无水乙醇，其均匀分散到微弧氧化溶液中之后必然使溶液的电导率降低。另外，溶胶粒子会吸附溶液中的离子，形成双电层结构，溶液中导电离子数量的减少也会使溶液电导率降低。微弧氧化的起弧电压和终止电压依赖于微弧氧化溶液的电导率，并且随着电导率的降低而增加[42,132]。因此，随着钛溶胶在微弧氧化溶液中加入量的增加，微弧氧化过程中起弧电压、终止电压以及氧化过程中的电压都会随之增加。

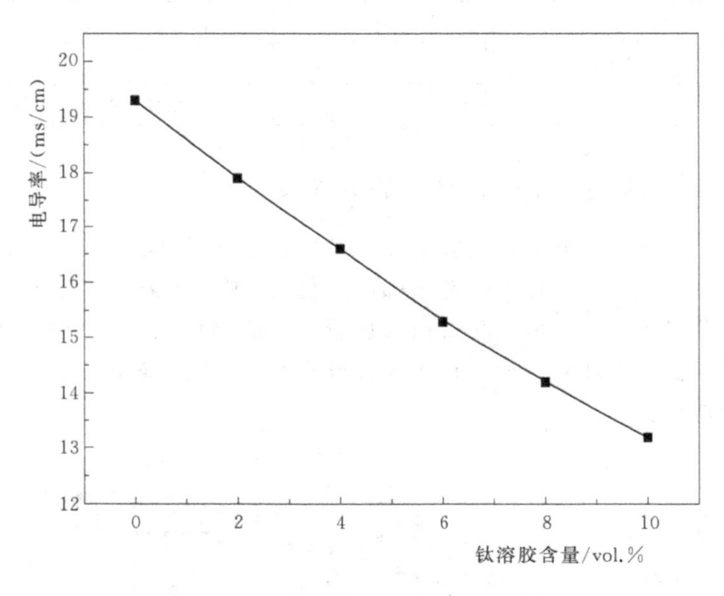

图 4.1.2　微弧氧化液的电导率与钛溶胶含量的关系

4.1.3　钛溶胶对氧化膜外观及厚度的影响

在含有不同量钛溶胶的微弧氧化溶液中对铝合金试样氧化处理 30min 后，发现在不含钛溶胶的溶液中得到的氧化膜为灰色，随着溶液中钛溶胶含量的增加，所制备的氧化膜颜色发生灰黑→黑色→蓝黑的变化。膜层在钛溶胶含量为 4vol.%～6vol.%时颜色为黑色。随着溶液中钛溶胶含量的增加，膜层表面出现凹凸不平现象，产生明显的黑色突起点，含量为 12vol.%时，试样表面有非常严重的凸起，其他部位没有膜层形成，说明此时不能形成比较完整的氧化膜。

图 4.1.3 所示为在含有不同量钛溶胶溶液中氧化 30min 得到的微弧氧化膜厚度变化

图。从图中可以看出，随着溶液中钛溶胶含量的增加，微弧氧化膜的平均厚度逐渐增加，这表明钛溶胶的加入增加了微弧氧化膜成膜的速度，并且与溶胶的加入量成正比。随着溶液中钛溶胶含量的增加，氧化膜的均匀性降低。这是因为在微弧氧化过程中，当外加电压超过了临界起弧电压时，之前形成的氧化膜中较薄的部位被击穿，在阳极表面出现放电火花，膜层在放电火花的位置形成。火花游走于整个试样表面，所以形成连续的微弧氧化膜层。之后，放电火花在膜层相对较薄的地方出现，这就使膜层以不均匀的方式生长。随着厚度的增加，膜层中能够被击穿的地方逐渐减少，膜层的均匀性也随之逐渐降低。

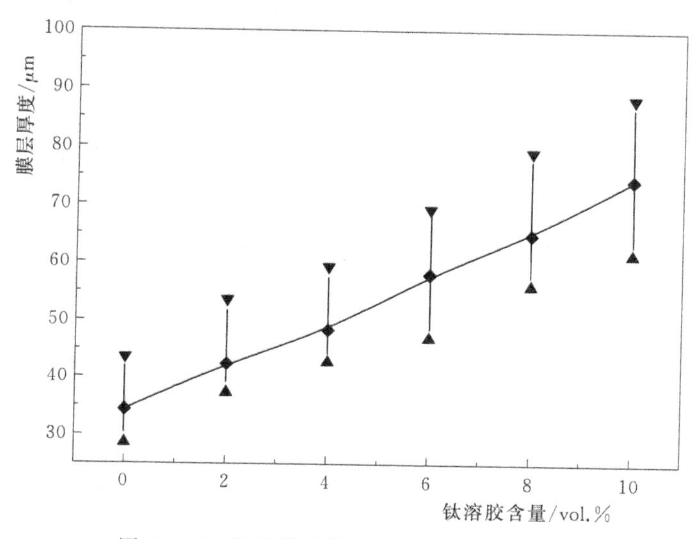

图 4.1.3 钛溶胶含量对氧化膜厚度的影响

微弧氧化过程中，在高压电场作用下，氧化膜较薄的局域被击穿，形成大量分散的微弧放电通道，微弧氧化溶液中的钛溶胶粒子通过电泳或吸附的方式进入放电通道内[142]。同时，铝合金基体和之前形成的氧化膜也在放电等离子的高温下发生熔融，并进入微弧放电通道内。溶液组分与阳极熔融物在放电通道内发生一系列的物理、化学反应，之后在周围的溶液以及基体的冷却作用下迅速凝固在阳极试样表面，形成包含有基体组分和溶液组分的微弧氧化膜。随着溶液中钛溶胶含量的增加，进入放电通道内的溶胶粒子的量也会增加，所以微弧氧化膜成膜速度会随着钛溶胶含量的增加而增加。

4.1.4 钛溶胶对氧化膜微观形貌及成分的影响

图 4.1.4 所示为在不同钛溶胶含量溶液中氧化处理 30min 得到的微弧氧化膜表面微观形貌。从图中可以看出，钛溶胶的加入使膜层微观形貌发生了明显变化。在不含钛溶胶的溶液中得到膜层均匀性相对较好，膜层表面存在大量的孔洞和微裂纹，如图 4.1.4 (a) 所示。微裂纹是由于氧化过程中的熔融物在周围溶液的快速冷却作用下收缩而产生[150]。图 4.1.4 (b) ～ (f) 所示为在含有不同量的钛溶胶的溶液中得到氧化膜层的微观形貌，可以看出和不含钛溶胶的溶液中形成的膜层相比，这些膜层表面的凸起和孔洞数量增加，并且随着钛溶胶含量的增加而增加。另外，随着溶液中钛溶胶含量的增加，膜层中放电孔

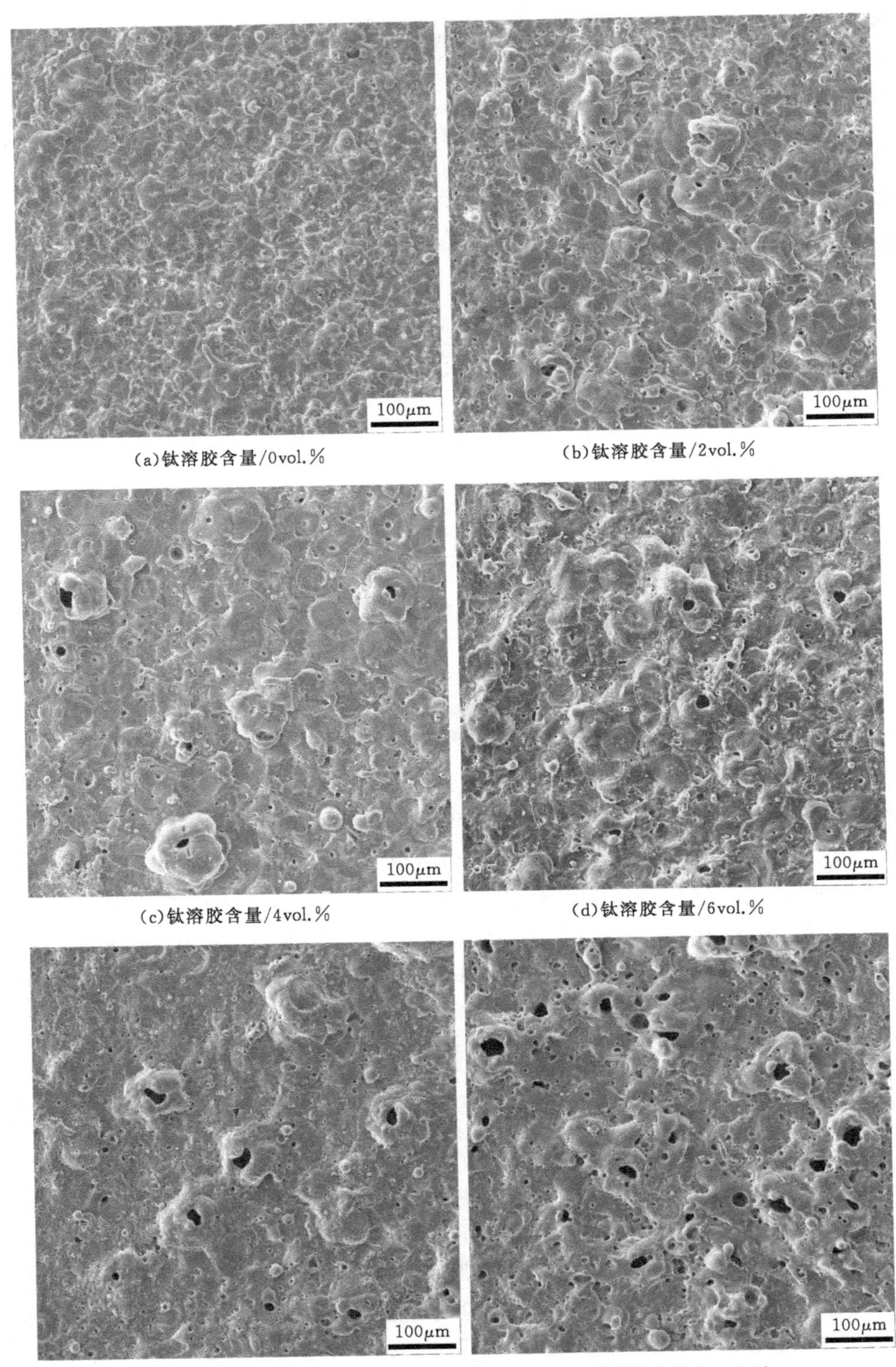

(a)钛溶胶含量/0vol.%　(b)钛溶胶含量/2vol.%

(c)钛溶胶含量/4vol.%　(d)钛溶胶含量/6vol.%

(e)钛溶胶含量/8vol.%　(f)钛溶胶含量/10vol.%

图 4.1.4　不同钛溶胶含量的溶液中得到的膜层表面形貌

洞的直径增大。从图 4.1.3 中可以看出，随着溶液中钛溶胶含量的增加，膜层的厚度也增加。在微弧氧化处理过程中，放电火花会因为厚度的增加而变大，使放电通道形成的孔洞直径增大。因此，在同一溶液体系中，随着膜层厚度的增加，表面孔洞也随之增加。

表 4.1.2 为在含有不同量钛溶胶的微弧氧化溶液中得到的膜层表面成分。在不含钛溶胶的溶液中得到的氧化膜主要由 O、Al 和 P 元素组成。而在含钛溶胶的溶液中得到的氧化膜表面能够检测到 Ti 和 Na 元素，并且膜层中 Ti、Na 和 P 的含量随着溶液中钛溶胶含量的增加而增加。膜层中 O 的含量随着溶液中钛溶胶含量的增加呈先增加之后基本趋于稳定的变化趋势，而膜层中 Al 的含量随着钛溶胶含量的增加而不断减少。微弧氧化膜层中 Ti、Na 和 P 的存在进一步表明，在微弧氧化过程中钛溶胶粒子和溶液的组分参与氧化成膜，并且进入到膜层中。溶胶粒子具有双电层结构，被分散到磷酸盐体系的微弧氧化溶液中，其紧密层会吸附 $P_6O_{18}^{6-}$ 离子，使胶粒带有一定的负电荷，外层吸附 Na^+ 离子，溶胶粒子与溶液中的 Na^+ 一起形成了扩散双电层结构[151,152]。由于 Na^+ 和 $P_6O_{18}^{6-}$ 在钛溶胶粒子表面的吸附，它们进入膜层的量必然会随着溶液中钛溶胶加入量的增加而增加。

表 4.1.2　　不同钛溶胶含量的溶液中得到的膜层表面成分

钛溶胶含量/vol. %	O/at. %	Al/at. %	Na/at. %	P/at. %	Ti/at. %
0	37.0	61.9	0	1.1	0
2	37.0	54.7	0.7	3.1	4.5
4	38.6	47.3	1.4	5.0	7.7
6	41.0	38.3	2.6	7.1	11.0
8	42.1	31.3	3.9	8.4	14.3
10	41.9	26.1	5.6	10.0	16.4

图 4.1.5 所示为在含有 6vol. %钛溶胶的溶液中经过 30min 氧化处理得到微弧氧化膜层的 XPS 谱图。从图 4.1.5（a）中可以看出，氧化膜的主要组成元素为 O、Al、Ti、Na 和 P。图谱分析表明，氧化膜表面 Ti 元素的含量为 3.28at. %，这远远高于 2A70 铝合金基体中 Ti 元素的含量（小于 0.06at. %），这说明加入到溶液中的钛溶胶进入到氧化膜中。图 4.1.5（b）所示为 Ti2p 的 XPS 谱图。从图中拟合的结果看，Ti2p2/3 存在 3 个峰，分别位于 455.8eV、457.8eV 和 458.7eV，根据文献，它们分别对应 TiO、Ti_2O_3 和 TiO_2/Al_2TiO_5（Al_2TiO_5 是 TiO_2 和 Al_2O_3 的固溶体，Al_2TiO_5 和 TiO_2 的结合能相同）[153-156]。

图 4.1.6 所示为在含有不同量钛溶胶的溶液中氧化 30min 得到的微弧氧化膜的 X 射线衍射图谱。从图 4.1.6（a）中可以看出，溶液中不含有钛溶胶时，膜层的主要组成物为非晶相和 $\gamma-Al_2O_3$。在含有 2vol. %钛溶胶的溶液中得到的氧化膜，$\gamma-Al_2O_3$ 衍射峰的相对强度显著增加，说明其在膜层中的相对含量增加。在钛溶胶含量为 6vol. %和 10vol. %的溶液中，得到的氧化膜中出现了 $AlPO_4$，Al_2TiO_5 和 TiO 的衍射峰。根据 XPS 结果，氧化膜中存在 Ti_2O_3 相，但是，XRD 图谱中没有检测到 Ti_2O_3 相对应的衍射峰的存在，这可能是由于其含量太少或者是以非晶相的形式存在于膜层中的缘故。微弧氧

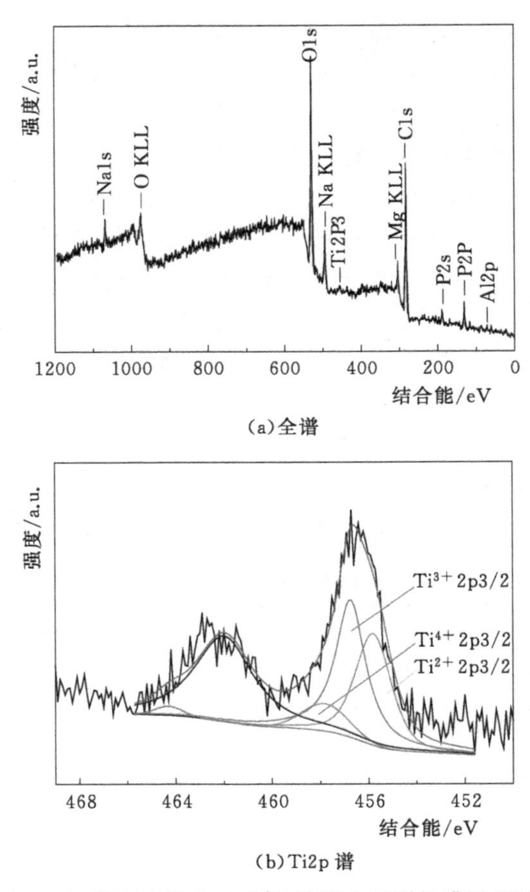

(a)全谱

(b)Ti2p 谱

图 4.1.5　钛溶胶含量 6vol.%的溶液中得到的膜层 XPS 谱图

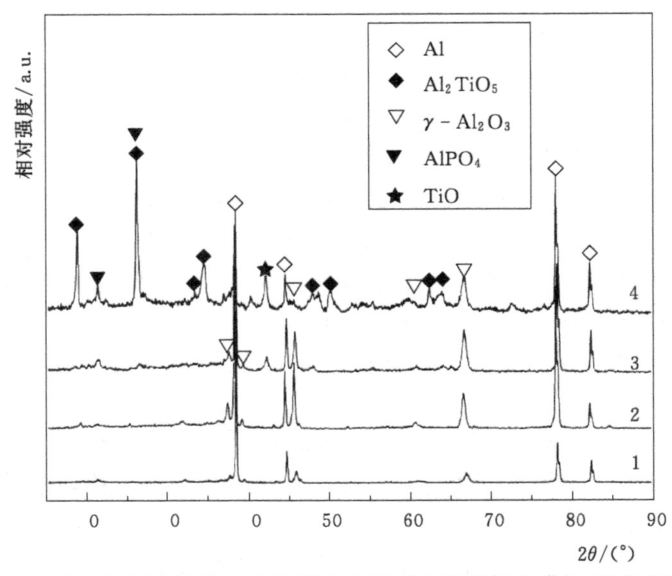

图 4.1.6　不同钛溶胶含量的溶液中得到的微弧氧化膜的 XRD 图谱

1—0vol.%；2—2vol.%；3—6vol.%；4—10vol.%

化膜中 Al_2TiO_5 和 TiO 相的出现进一步表明，溶液中加入的钛溶胶参与了氧化成膜的反应，并且 Ti 元素的价态在成膜反应过程中发生了变化。

4.1.5 钛溶胶对膜层硬度及耐磨性的影响

对于微弧氧化膜一般认为从基体向外，膜层的硬度呈先增加后降低的变化规律[157-160]。微弧氧化膜层厚度不同，其硬度值和耐磨性也会有差异。为研究钛溶胶的含量对微弧氧化膜层的硬度及耐磨性的影响，在含有不同量钛溶胶的溶液中分别制备厚度约为 50μm 的微弧氧化膜。在钛溶胶含量为 0vol.%、2vol.%、4vol.%、6vol.%、8vol.%以及 10vol.%的溶液中氧化处理时间分别为 50min、40min、35min、30min、21min 和 18min。表 4.1.3 为在含有不同量的钛溶胶的溶液中得到的微弧氧化膜层显微硬度值，可以看出，得到的膜层硬度值在 1027～1673HV 之间，远高于 2A70 铝合金基体的显微硬度值（约 110HV）。随着微弧氧化溶液中钛溶胶含量的增加，微弧氧化膜的硬度呈先增加后减小的变化规律。研究表明，氧化膜的硬度与其相组成、致密性有关。在钛溶胶含量为 6vol.%溶液中制备的微弧氧化膜的硬度值相对较高。

表 4.1.3 含有不同量的钛溶胶的溶液中得到的微弧氧化膜的硬度

钛溶胶含量/vol.%	0	2	4	6	8	10
硬度/HV	1026	1236	1224	1673	1248	1170

图 4.1.7 所示为在含有不同量钛溶胶的溶液中得到的氧化膜的磨损实验行程与失重量之间的关系。可以看出，所有溶液中制备的微弧氧化膜的失重量都随着磨损行程的增加而增加，并且两者之间基本呈线性关系。随着溶液中钛溶胶含量的增加，膜层的耐磨性呈先增加后减小的趋势，在钛溶胶含量为 6vol.%时膜层表现出较好的耐磨性能。结合之前对膜层硬度的测试结果，当钛溶胶含量为 6vol.%时膜层的硬度值较高，说明膜层的致密性较好。由于具有比较好的硬度和致密性，因此膜层的耐磨性较好。

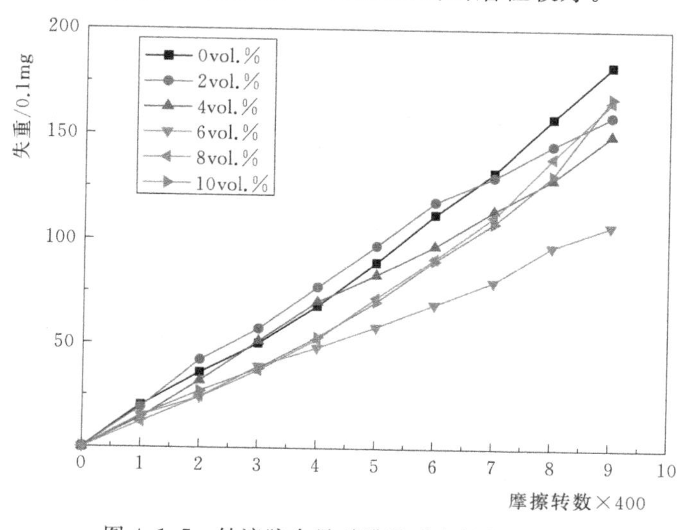

图 4.1.7 钛溶胶含量对膜层耐磨性能的影响

4.1.6　钛溶胶对膜层耐腐蚀性的影响

在基础溶液中加入钛溶胶，考察其加入量对膜层耐腐蚀性的影响。图 4.1.8 所示为在不同钛溶胶含量的溶液中经过 30min 微弧氧化处理后得到的膜层 Tafel 曲线。从图中可以看出，在钛溶胶含量为 0vol.%～6vol.%的范围内，自腐蚀电位随着溶液中钛溶胶含量的增加而增加，钛溶胶含量为 6vol.%时腐蚀电位值高，为−0.670V，同时其腐蚀电流最小为 2.782×10^{-8} A/dm^2；之后进一步增加钛溶胶的含量，腐蚀电位值反而降低。说明在不改变电参数的情况下，溶液中加入 6vol.%的钛溶胶时膜层表现出较好的耐腐蚀性。

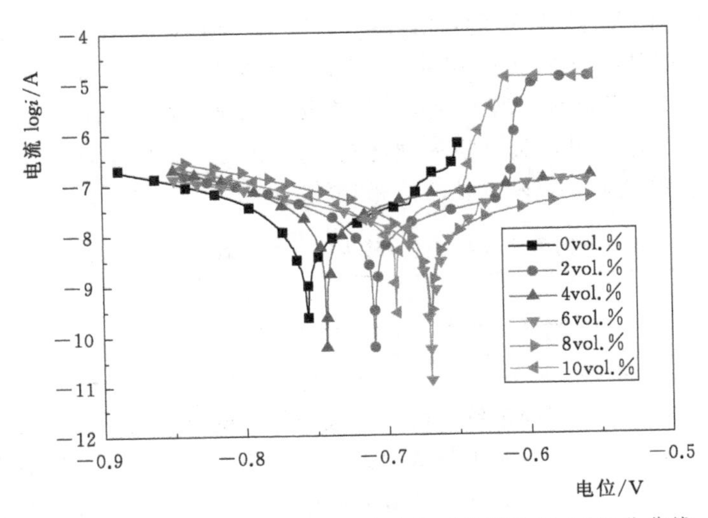

图 4.1.8　不同钛溶胶含量的溶液中得到的膜层 Tafel 极化曲线

4.2　钛溶胶作用下的微弧氧化成膜过程

溶液中加入钛溶胶后，膜层的外观、形貌、组成、结构及性能都发生了明显的变化，并且与钛溶胶的含量有直接的关系，当溶液中钛溶胶含量为 6vol.%时，膜层各方面的综合性能最好。为进一步研究钛溶胶参与微弧氧化成膜的过程，分别采用不含溶胶的溶液和含有 6vol.%溶胶的溶液，对铝合金试样分别氧化处理 3min、5min、10min、15min、20min 以及 30min，通过考察氧化时间对膜层外观、厚度、形貌、成分以及相组成的影响，分析探讨钛溶胶粒子参与微弧氧化成膜的机制。

4.2.1　氧化膜宏观形貌变化

图 4.2.1 所示为经过不同时间氧化处理得到的氧化膜层的宏观照片。可以看出，经 3min 氧化处理后得到的氧化膜为灰黑色相间，膜层不同部位颜色存在差异。经 5min 氧化处理得到的氧化膜依然为灰黑色相间，不过此时黑色占主导地位，颜色的均匀性相对于 3min 时得到的氧化膜有了很大的提高，如图 4.2.1（b）所示。经 10min 氧化处理后，试

样呈蓝黑色，个别部位颜色较深，整体上颜色基本上比较均匀。经过 15min 氧化处理后试样依然为蓝黑色，但是颜色较深的部分增多，不均匀性增加。经 20min 氧化处理后，试样呈黑色，局部呈蓝黑色。经 30min 氧化处理后，试样呈黑色，颜色均一。

(a)3min　(b)5min　(c)10min

(d)15min　(e)20min　(f)30min

图 4.2.1　不同氧化时间得到的微弧氧化膜宏观照片

4.2.2　氧化膜厚度变化

图 4.2.2 所示为不同溶液中微弧氧化膜层的厚度随时间的变化关系。从图中可知，在不含钛溶胶的溶液中，经 5min 氧化处理能够得到厚度约为 4μm 的氧化膜层，经 30min 氧化处理，氧化膜的厚度约为 34μm。在该溶液中，随着氧化处理时间的增加，成膜速度降低，并且膜层的不均匀性增加。在含有钛溶胶的溶液中，经过 3min 氧化处理就能够得到厚度大约 11μm 的氧化膜，30min 氧化处理得到的氧化膜的厚度能够达到 60μm。其成膜速度的变化和不含钛溶胶的溶液相似：随着时间的增加而降低，但是膜层的均匀性变化却表现为先增加而后又降低。结合图 4.2.1 可以看出，膜层的不均匀性能够从表面的颜色来反映。微弧氧化溶液中钛溶胶的加入显著增加了微弧氧化成膜速度，但是对成膜速度随氧化处理时间的变化规律没有影响。

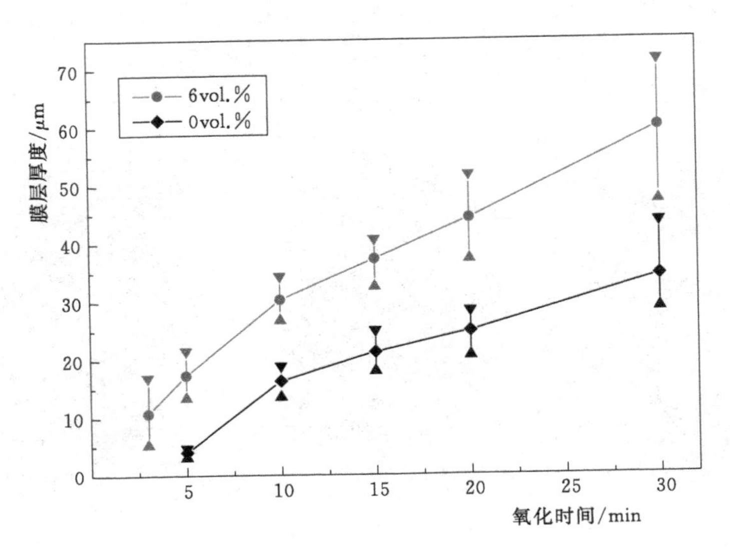

图 4.2.2　不同溶液中微弧氧化膜厚度随氧化时间的变化

4.2.3　氧化膜微观形貌和膜层成分

图 4.2.3 所示为在不同微弧氧化溶液中经过不同时间氧化处理得到的氧化膜的表面形貌。图 4.2.3 (a) 所示为在含钛溶胶的溶液中经过 3min 氧化处理后得到的氧化膜的表面形貌。从图中可以看出，氧化膜中存在两个明显不同的区域，即区域Ⅰ和区域Ⅱ。图 4.2.3 (b) 和图 4.2.3 (c) 分别为Ⅰ区和Ⅱ区的放大图，可以看出Ⅰ区的放电通道较大，周围有明显的放电产物，膜层中有明显的凸起，不均匀性差；Ⅱ区的放电通道小，膜层均匀。表 4.2.1 中列出了Ⅰ区和Ⅱ区的表面组分及各元素的含量。从表中可以看出，Ⅰ区 Ti 和 O 的含量明显高于Ⅱ区，Al 的含量低于Ⅱ区。文献表明，Ti 的氧化物能够呈现蓝色或黑色[161,162]。正是膜层不同区域 Ti 含量的差异导致膜层厚度和宏观上颜色的差异，Ⅰ区为宏观上呈黑色区域，Ⅱ区为灰色区域。

图 4.2.3 (d) 所示为经过 5min 氧化处理得到的膜层表面形貌，看出膜层中也存在形貌有明显区别的两个区域，两个区域中膜层表面放电通道的大小和放电产物有很大的差异。表 4.2.1 中的 EDS 分析表明，两个区域的元素含量并没有太大的差异，这说明两个区域膜层厚度的差异导致了颜色深浅的差异：膜层厚的地方颜色深，相对而言，膜层薄的地方颜色浅。图 4.2.3 (e) 所示为经 10min 氧化处理得到的膜层，其膜层基本均匀一致，表面分布着大量的放电通道，表面选区元素分析显示出膜层不同部位的各元素含量基本相同。图 4.2.3 (f) 所示为经过 15min 氧化处理得到的膜层，和 10min 得到的膜层相比，其表面的孔洞变大。这是因为随着氧化处理时间的增加，氧化膜的厚度增加 [图 4.2.3 (b)]，放电火花变大。选区元素分析表明，经 15min 微弧氧化处理膜层表面各部位的元素含量基本一致，具体含量见表 4.2.1。图 4.2.3 (g) 所示为 30min 氧化处理得到膜层的表面形貌，与其他图片相比，经过 30min 氧化处理得到的膜层表面放电孔洞的直径大 (15μm 左右)，氧化过程中从放电通道内喷出的熔融物在表面形成颗粒，另外膜层中

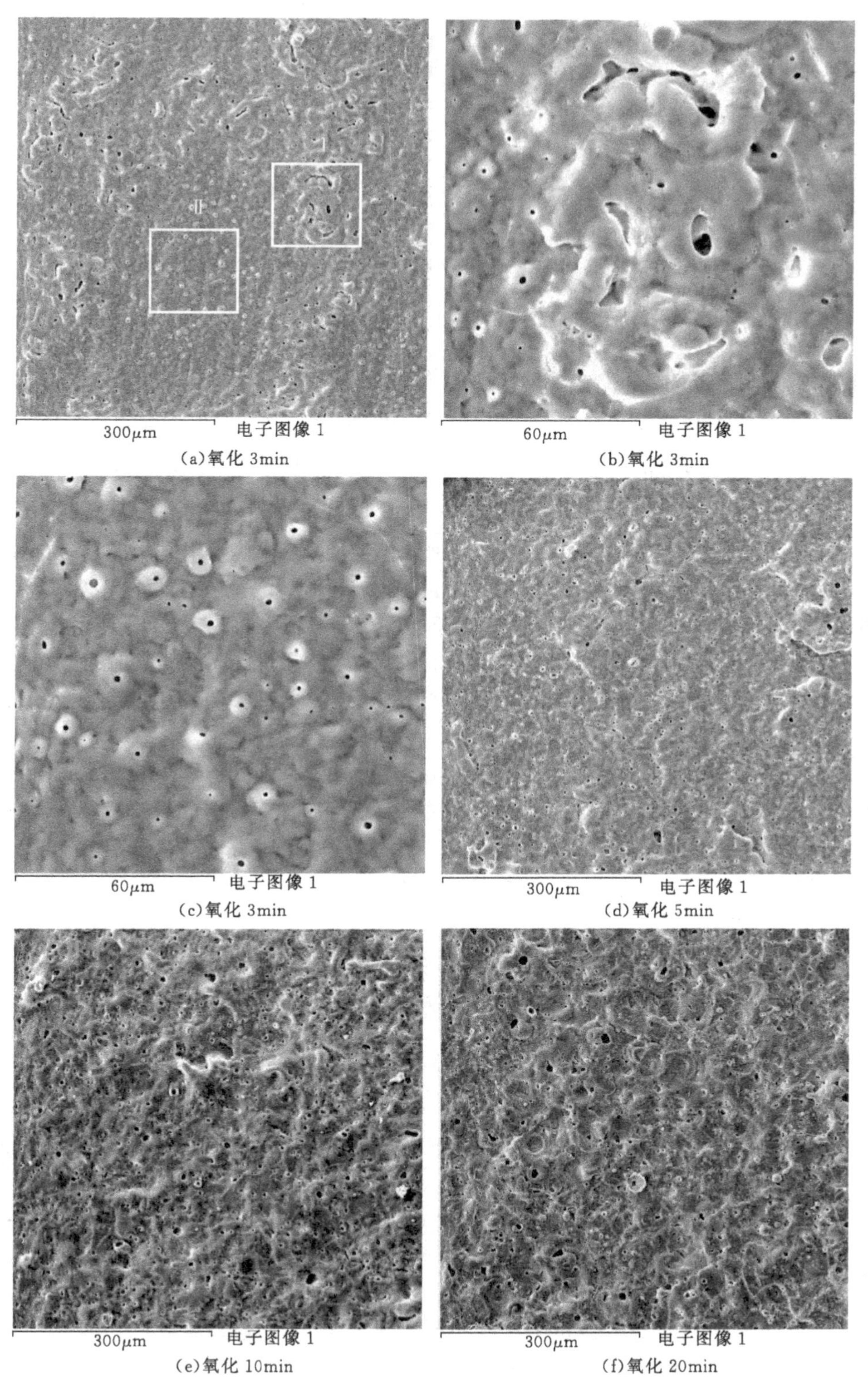

(a)氧化 3min

(b)氧化 3min

(c)氧化 3min

(d)氧化 5min

(e)氧化 10min

(f)氧化 20min

图 4.2.3（一） 不同溶液中不同氧化时间得到氧化膜的表面形貌

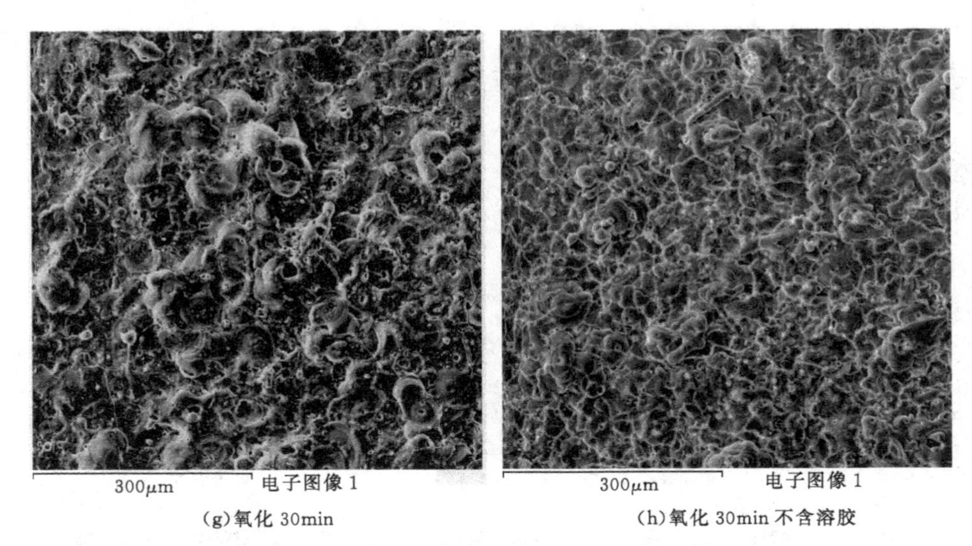

(g)氧化 30min　　(h)氧化 30min 不含溶胶

图 4.2.3（二）　不同溶液中不同氧化时间得到氧化膜的表面形貌

含有大量的微小裂纹，这是由于微弧氧化成膜过程中的熔融物在周围溶液的冷却作用下快速凝固收缩产生的[163]。随着氧化膜厚度的不断增加，放电火花变大且放电持续时间增加，喷出的熔融物相应也会增多，就会堆积形成大颗粒。图 4.2.3（h）所示为在不含钛溶胶的溶液中经 30min 微弧氧化处理后得到的氧化膜的表面形貌。从图中可以看出，膜层表面也存在大量的放大通道和微裂纹，EDS 分析结果表明膜层的主要组成元素为 Al、O 和 P。

从表 4.2.1 中看，在含钛溶胶的溶液中，随着氧化处理时间的增加，膜层中 P 和 W 的含量逐渐降低，Al 的含量增加，O 的含量基本不变，而 Ti 含量先增加之后趋于稳定。

表 4.2.1　不同氧化处理条件下得到的微弧氧化膜的表面成分

溶液	氧化时间/min	O/at. %	Al/at. %	P/at. %	Ti/at. %	W/at. %
含钛溶胶	3－Ⅰ	44.6	25.5	18.7	10.9	0.8
	3－Ⅱ	39.6	34.8	17.8	7.0	0.8
	5	45.6	22.9	18.6	12.2	0.7
	10	46.2	24.4	16.6	12.2	0.6
	15	45.6	32.4	10.1	11.4	0.5
	20	46.7	35.6	7.1	10.6	—
	30	46.4	38.0	5.0	10.6	—
不含钛溶胶	30	38.9	59.8	1.3	—	—

4.2.4　氧化膜结构变化

图 4.2.4 所示为在含钛溶胶的溶液中不同经过时间氧化处理得到的膜层 XRD 图谱。经过 3min 氧化处理得到的膜层主要为 $\gamma-Al_2O_3$，如图 4.2.4 中 1 所示。随着氧化处理时间的增加，膜层中出现 $AlPO_4$、TiO 和 Al_2TiO_5 相，如图 4.2.4 中 2、3 所示，并且它们

所对应的衍射峰的相对强度随着氧化处理时间的增加而变强，如图 4.2.4 中 4、5 所示。这表明 $AlPO_4$、TiO 和 Al_2TiO_5 相在氧化膜中的相对含量随着氧化处理时间的增加而逐渐增加。

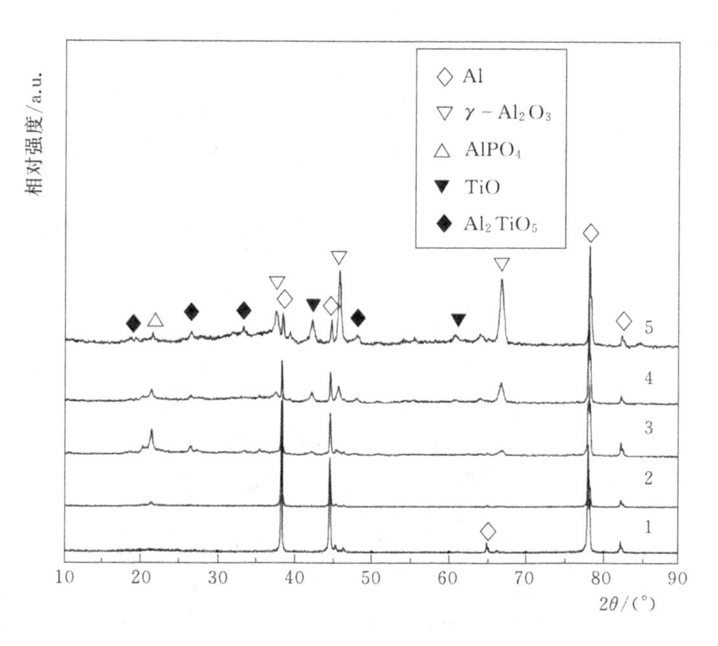

图 4.2.4　含有钛溶胶溶液中不同氧化时间得到氧化膜的 XRD 图谱

1—3min；2—5min；3—10min；4—20min；5—30min

图 4.2.5 所示为在含有 6vol.%钛溶胶的溶液中经 30min 氧化处理得到膜层的透射电镜微观形貌图和能谱图。从图 4.2.5（a）中可以看出，氧化膜中弥散分布着大量的纳米颗粒。这是因为在放电通道内产生的熔融物在周围溶液和基体的“冷淬”作用下快速凝固（冷却速度可达 10^8K/s）[142]。这就使得熔融物在形核之后来不及长大，而在膜层中形

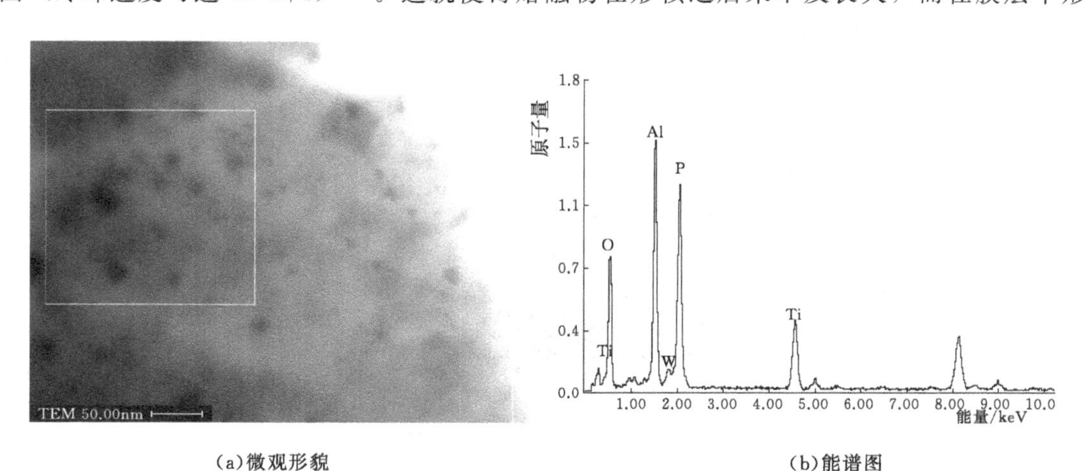

(a)微观形貌　　(b)能谱图

图 4.2.5　含有 6vol.%钛溶胶溶液中 30min 得到氧化膜微观形貌及能谱图

成纳米颗粒。图 4.2.5（b）所示的能谱图表明，膜层主要构成元素为 O、Al、P 和 Ti。Ti 元素的存在进一步证明了加入微弧氧化溶液中的钛溶胶粒子参与了氧化成膜，并且进入膜层中。

4.2.5　氧化膜断面形貌

图 4.2.6 所示为在含有钛溶胶的溶液中经 30min 氧化处理得到氧化膜的断面形貌和元素线扫描。从图中可以看出，氧化膜与基体互相渗透嵌合，结合牢固，膜层中有很多的孔洞。元素线扫描图谱表明，在氧化膜层内 O 和 Al 的含量基本没有发生变化。P 的含量从基体向外逐渐增大，在距基体大约 15μm 处达到最大，之后又逐渐减少；Ti 贯穿膜层内，膜层内部靠近基体部分 Ti 的含量较少。由内向外，Ti 的含量逐渐增加，之后趋于稳定。

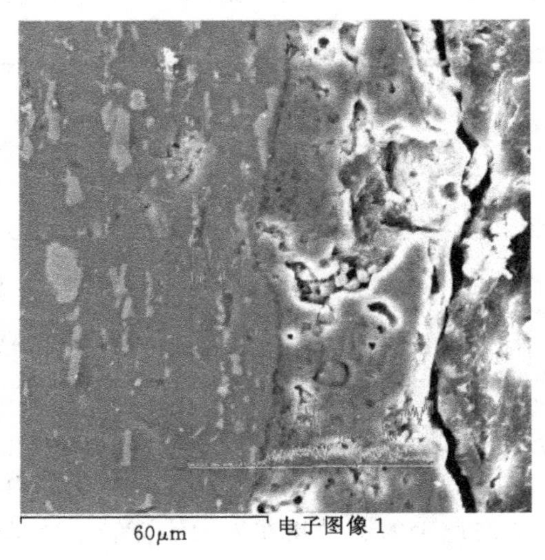

(a)断面形貌

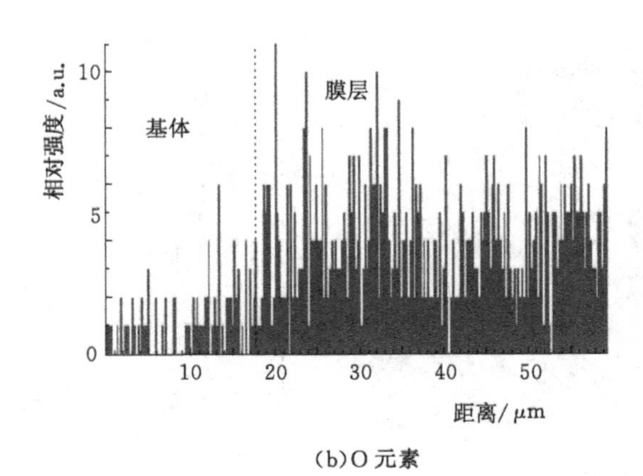

(b)O 元素

图 4.2.6（一）　经 30min 氧化处理得到的膜层断面形貌和元素线扫描

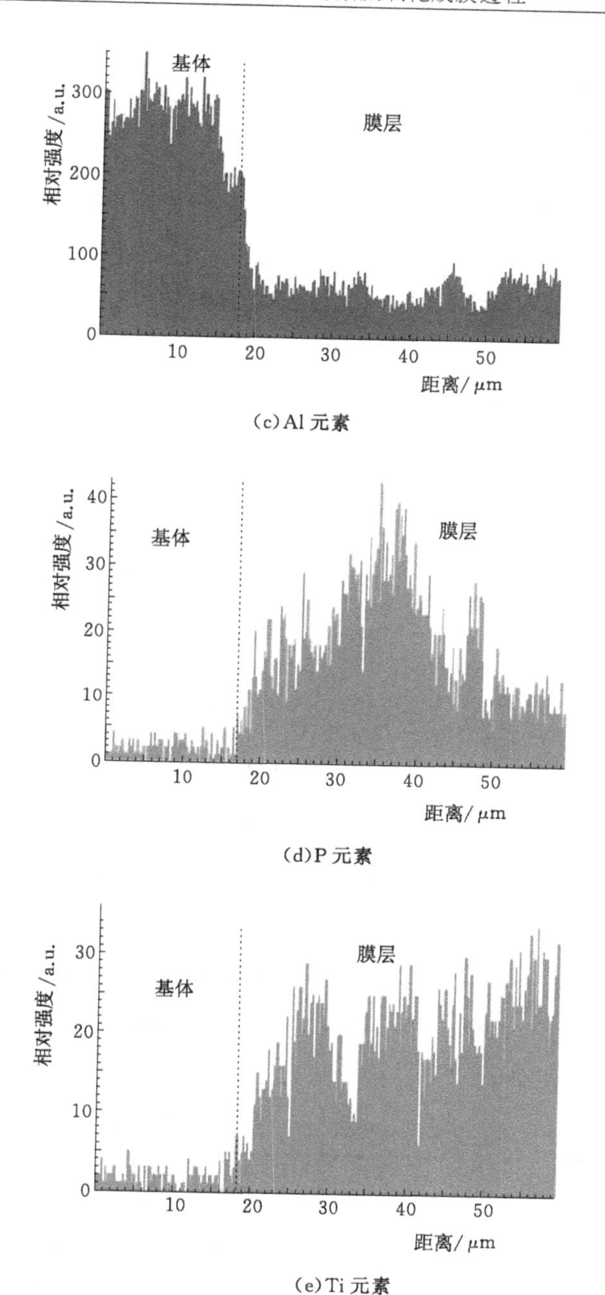

图 4.2.6（二） 经 30min 氧化处理得到的膜层断面形貌和元素线扫描

4.2.6 微弧氧化处理对基材力学性能的影响

采用含有钛溶胶的溶液，对铝合金拉伸试样分别氧化处理 30min、60min 及 90min，研究氧化处理时间（即氧化膜层厚度）对 2A70 铝合金拉伸性能的影响，每一条件下都制备 3 个平行试样。同时对氧化处理 30min 的试样进行疲劳性能试验，考察微弧氧化处理对基材疲劳性能的影响。

1. 对基材拉伸性能的影响

先对未经过微弧氧化处理的铝合金进行静力拉伸试验，试验结果的应力 σ 和应变 ε 关系如图 4.2.7 所示。试验测得 2A70 铝合金的弹性模量 E 和极限抗拉强度 f_y 见表 4.2.2。

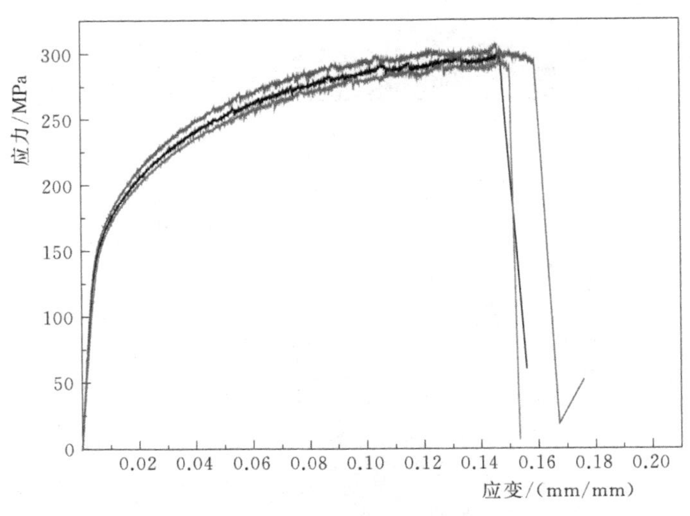

图 4.2.7　铝合金基材的拉伸性能

表 4.2.2　　基材拉伸性能参数

材料	E/GPa	f_y/MPa
2A70 基材	34.4	290

表 4.2.3 为分别氧化处理 30min、60min 和 90min 得到的氧化膜厚度，随着氧化处理时间的增加，膜层厚度增加。

表 4.2.3　　不同氧化处理时间得到膜层的厚度

时间/min	30	60	90
氧化膜厚度/μm	42～46	80～85	100～106

对经过不同氧化处理的试样进行静力拉伸试验，试验结果的应力 σ 和应变 ε 关系如图 4.2.8 所示。试验测得试样的弹性模量 E 和极限抗拉强度 f_y 见表 4.2.4。

表 4.2.4　　不同氧化处理时间得到试样的力学性能

时间/min	30	60
30	30.4	256
60	28.4	246
90	28.0	235

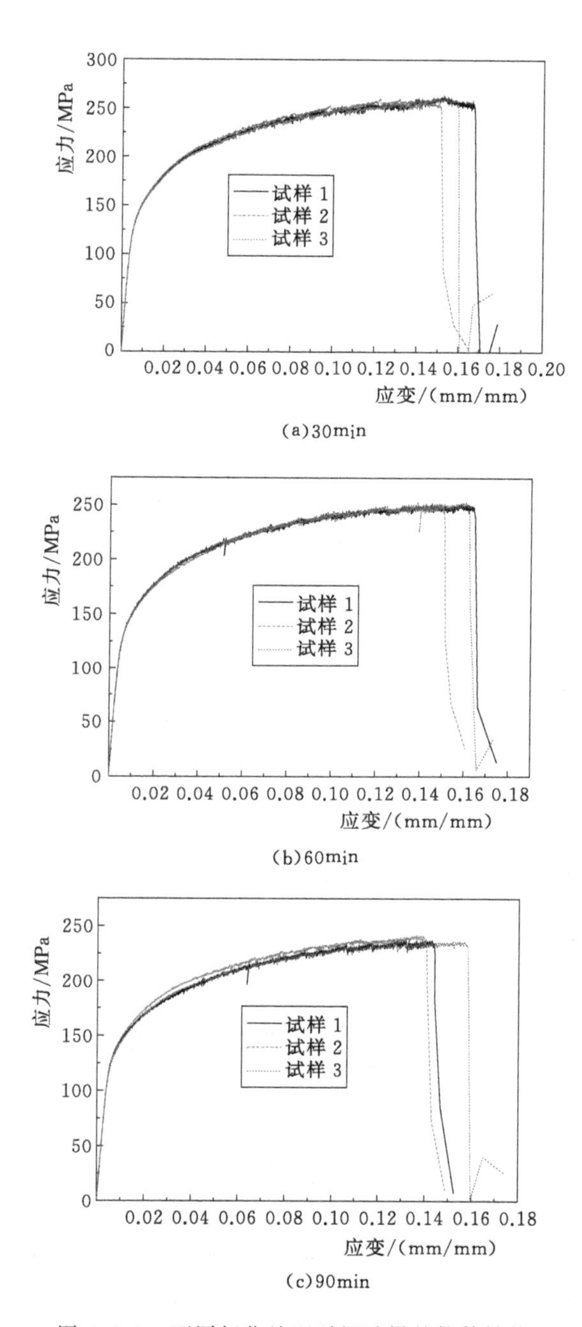

图 4.2.8　不同氧化处理时间试样的拉伸性能

图 4.2.9 所示为经过不同氧化处理时间的试样的弹性模量和抗拉强度随时间的变化规律。从图中可以看出，随着氧化处理时间的增加，试样的弹性模量和极限抗拉强度下降。在微弧氧化过程中，相对于试样原始的表面，膜层既向内生长又向外生长；向外生长将会使试样的尺寸增加，向内生长致使铝基材部分的尺寸减小，如图 4.2.10 所示[164]。微弧氧化的特点导致生成的氧化膜中必然有孔洞和裂纹等缺陷存在，这也意味着膜层本身的力学性能较差。

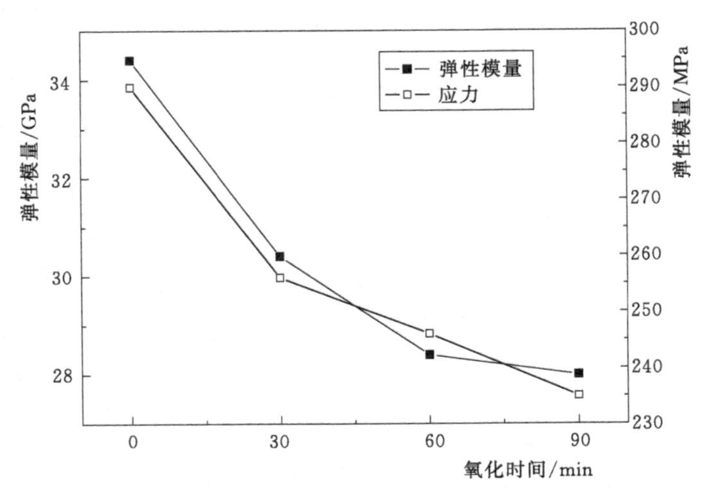

图 4.2.9　微弧氧化处理时间对弹性模量和抗拉强度的影响

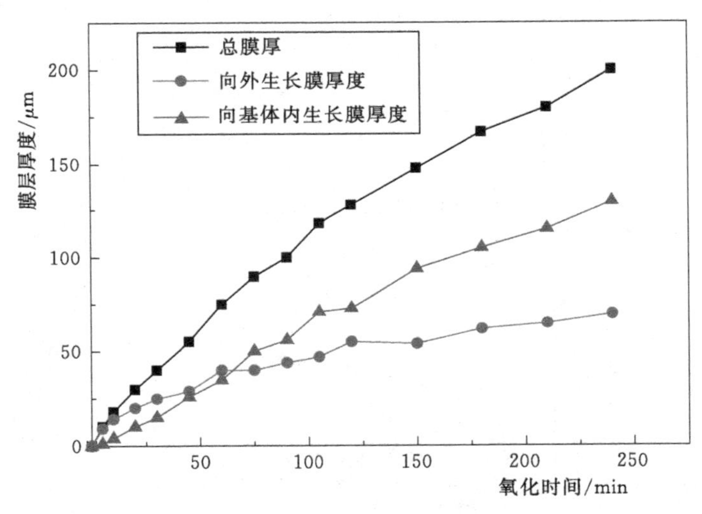

图 4.2.10　铝合金微弧氧化膜生长曲线[164]

从图 4.2.10 中还可以看出，随着氧化处理时间的增加，膜层向内生长的厚度也会增加，这就意味着基体的尺寸减小，同时试样的实际尺寸是增加的。另外，随着氧化处理时间的增加，微弧放电的火花变大，并且移动速度降低，会在某一位置持续放电的时间增加，这会使这一部位膜层向内过度生长，形成深入基体的缺陷。所以，经过微弧氧化处理后的试样其力学性能会降低；并且膜层的厚度越大，试样的实际尺寸越大，而基材的剩余部分越少，导致力学性能也就越差。

2. 对基材疲劳性能的影响

根据前面拉伸性能的试验结果，对 2A70 铝合金试样和含有 6vol.%钛溶胶溶液氧化中处理 30min 试样分别由高应力水平到低应力水平逐级加载，记录试件的破坏循环次数，并记录试验前、后异常现象以及破断情况。试验数据见表 4.2.5 和表 4.2.6。

图 4.2.11 所示为不同应力条件下微弧氧化处理后试样的疲劳寿命。从图中可以看出，经过微弧氧化处理后，2A70 铝合金的疲劳寿命降低。通常的疲劳断裂过程经过疲劳裂纹源的形成、疲劳裂纹的扩展及瞬间断裂 3 个阶段；从疲劳断口上看，一般可分为以下 3 个区域，即（Ⅰ）疲劳裂纹源区、（Ⅱ）疲劳裂纹扩展区、（Ⅲ）瞬间断裂区。相同条件下微弧氧化处理试样的疲劳性能降低，这主要是因为在疲劳试验中，微弧氧化层内的孔隙、裂纹等缺陷易产生应力集中，氧化层中均匀分布的缺陷处形成疲劳裂纹源并同时向基体扩展，导致疲劳寿命下降[165]。文磊等[166]经过微弧氧化处理的试样进行抛光处理，去除膜层表面的疏松层，发现疲劳性能有所提高，这也证明了膜中的空隙、裂纹等缺陷部位在循环应力的作用下容易产生应力集中，导致疲劳裂纹源产生于表面。

表 4.2.5　铝合金基材拉伸疲劳试验结果

编号	σ_{max}/MPa	σ_{min}/MPa	σ_m/MPa	σ_a/MPa	N/万次	备注
1	200	20	110	90	14.5	断裂破坏
2	190	19	104.5	85.5	60.3	断裂破坏
3	180	18	99	81	137.9	断裂破坏
4	170	17	93.5	76.5	200	未断停机

表 4.2.6　微弧氧化处理试样拉伸疲劳试验结果

编号	σ_{max}/MPa	σ_{min}/MPa	σ_m/MPa	σ_a/MPa	N/万次	备注
1	200	20	110	90	12.2	断裂破坏
2	180	18	99	81	45.8	断裂破坏
3	170	17	93.5	76.5	83.3	断裂破坏
4	150	15	82.5	67.5	200	未断停机

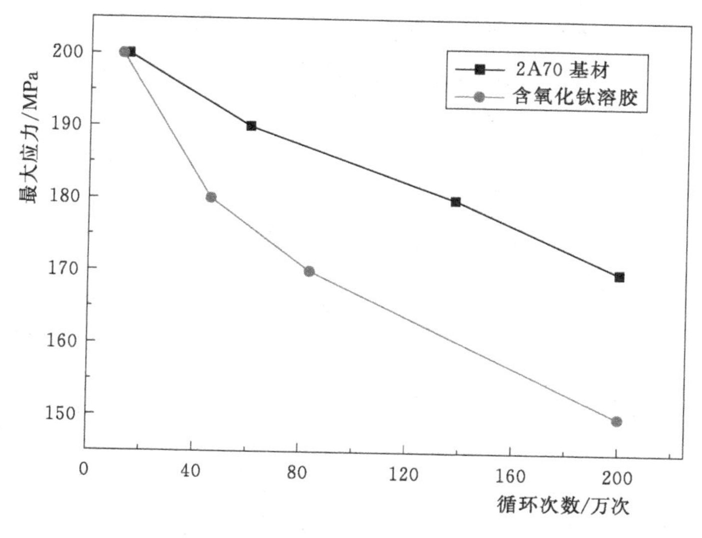

图 4.2.11　含钛溶胶溶液微弧氧化处理对铝合金的疲劳寿命-应力关系曲线

另外，研究认为，微弧氧化膜层是在基体原位生长，在靠近界面的基体中产生残余拉应力，在残余拉应力的作用下，疲劳裂纹源容易在基体近界面的位置产生[167]。另外，在微弧氧化后期会出现大火花在局部基体处持续放电的现象，在持续放电位置，基体氧化严重，膜层过度向内生长，形成深入基体的缺陷区，试样在受到循环应力荷载作用时，缺陷区的尖端会引入应力集中，使疲劳裂纹容易在该处形成，从而使涂层试样的疲劳寿命急剧下降。当试样受到循环应力载荷的作用时，于此处优先产生裂纹。微弧氧化处理铝合金膜层附近的基体中存在残余的拉压应力，促进了微弧氧化试样的疲劳裂纹的形成与扩展，导致 2A70 铝合金经微弧氧化处理后疲劳性能下降。

微弧氧化膜中存在两种类型的应力，即氧化膜生长时产生的生长应力和温度变化时由于金属与氧化物的热膨胀系数不同而产生的热应力[165]。这在一定程度上抑制了疲劳裂纹在氧化膜内的孔隙等缺陷处的扩展。

4.2.7　钛溶胶参与的成膜反应

从不同氧化处理时间膜层形貌和成分的变化以及膜层断面中 Ti 元素的细分可以看出，加入到微弧氧化溶液中的溶胶粒子参与微弧氧化成膜反应。之前的研究已经描述了溶胶粒子参与微弧氧化成膜的过程[132,136]。实验结果表明，Ti 以 Al_2TiO_5、Ti_2O_3 和 TiO 的形式存在于膜层中，这也充分证实溶液中加入的钛溶胶粒子参与了氧化成膜。根据 Ti 的价态和存在相，可以对与钛溶胶参与氧化成膜的相关物理、化学反应做出推断。

微弧氧化的初始阶段首先在阳极发生铝的溶解，在表面形成 Al_2O_3 的薄膜，发生反应的方程式为

$$2Al + 9H_2O = Al_2O_3 + 6H_3O^+ + 6e \tag{4.2.1}$$

随着时间的增加，氧化膜的厚度增加，电压也相应增加。随着电压的增加，当超过氧化膜的临界击穿电压后，在阳极的表面出现微弧放电的火花，同时在氧化膜层中形成大量的放电通道。由于放电通道内温度能够到达 $10^3 \sim 10^4$ K[149]，在电场力或吸附力作用下钛溶胶粒子进入放电通道内，在高温作用下发生脱水反应，并转变为金红石型的 TiO_2，即

$$Ti(OH)_4 = TiO_2 + 2H_2O \tag{4.2.2}$$

在温度超过 1280℃的条件下[168,169]，TiO_2 会和 Al_2O_3 发生反应，生成 Al_2TiO_5。

$$TiO_2 + Al_2O_3 = Al_2TiO_5 \tag{4.2.3}$$

由于放电通道内的高温作用，Ti 的价态发生变化，下面反应发生而使膜层中出现 Ti_2O_3 和 TiO，即

$$4TiO_2 + 4e = 2Ti_2O_3 + O_2\uparrow \tag{4.2.4}$$

$$2Ti_2O_3 + 4e = 4TiO + O_2\uparrow \tag{4.2.5}$$

通常情况下，Ti 容易发生氧化反应，从低价态转变为高价态。所以反应式（4.2.4）和式（4.2.5）的进行需要较高的温度条件。为了简化计算，假定反应物的焓值（ΔH）和熵值（S）在一定的温度范围内不发生变化。反应式（4.2.4）和式（4.2.5）吉布斯自由能的变化就可以根据方程式（4.2.6）进行计算[170]，即

$$\Delta G(T) = \Delta H(2000K) - TS(2000K) \tag{4.2.6}$$

在 2000K 时，锐钛矿 TiO_2、Ti_2O_3、TiO 和 O_2 的 ΔH（2000K）分别为 −812.83 kJ/mol、−1275.42kJ/mol、−434.26kJ/mol 和 59.18kJ/mol；熵值 S（2000K）分别为 185.50J/kmol、339.90J/kmol、144.56J/kmol 和 268.75J/kmol[171]。根据吉布斯方程，反应式（4.2.4）和式（4.2.5）自发进行的条件是 ΔG（T）<0。通过计算，可以得出反应式（4.2.4）和式（4.2.5）进行的条件是温度要超过 3678K 和 5222K。而在放电通道内温度高的心部能够达到 6800～9500K，即使与周围溶液接触的温度较低的外部的温度也可以达到 1600～2000K[149]。这完全可以达到反应式（4.2.4）和式（4.2.5）进行所要求的温度条件。由于微弧氧化过程中，放电火花不断地游走于整个阳极表面，所以放电通道不断在阳极表面的各个部位出现，Al_2TiO_5、Ti_2O_3 和 TiO 均匀分布于微弧氧化膜层，所以能够得到颜色均匀的黑色膜层。

4.3 锆溶胶粒子的影响

铝合金表面得到的微弧氧化膜层主要组成为 $\alpha-Al_2O_3$、$\gamma-Al_2O_3$ 以及参与成膜的一些溶液组分（如 SiO_2[143,144]、W[63,83]、ZrO_2[35,172,173]等）。这些膜层具有很高的机械强度、热稳定性、耐磨性和耐腐蚀性，但是也存在脆性大、不能承受冲击的缺点。在服役期间，受到冲击而剥落的高硬度氧化膜颗粒会加速膜层的失效，这会在一定程度上限制铝合金微弧氧化膜层的应用。

ZrO_2 具有高硬度、高强度、高韧性、极高的耐磨性、热稳定性及耐化学腐蚀性等优良的物化性能。围绕改善陶瓷材料的脆性和提高陶瓷材料的强度，近年来各国学者提出了各种 ZrO_2 的增韧补强机理，制备出各种高性能的陶瓷材料[174,175]。ZrO_2 晶粒具有 3 种同质异构体，即立方晶相、四方晶相和单斜晶相。在通常情况下，各相稳定存在的大致温度范围是：立方相大于 2300℃，四方相大于 1100℃，单斜相小于 1100℃。ZrO_2 分散在其他陶瓷基体中，在烧成温度下，ZrO_2 颗粒一般以四方相存在。当冷却到某一温度时，即发生马氏体相变，转变成单斜 ZrO_2，并伴随着一定的体积膨胀和晶粒形状的变化。但是当 ZrO_2 颗粒弥散在其他陶瓷基体中，使它受到周围基体的束缚时，它的相变也受到抑制，使其向低温方向移动，有可能使四方 ZrO_2 保持到室温。在基体受到外力作用，使基体对 ZrO_2 颗粒的束缚作用松弛后，才触发了它向单斜相转变，从而达到相变增韧的效果[175]。铝合金微弧氧化膜主要为 Al_2O_3，如果能够使 ZrO_2 进入到膜层中，使其和 Al_2O_3 形成复合型微弧氧化膜，对膜层性能会产生什么样的影响？能否提高膜层的质量？Wu 等[35,176]在含有 $K_2ZrF_6-NaH_2PO_2$ 溶液中得到主要由 ZrO_2 相组成的微弧氧化膜。Matykina 等[114,173]采用在溶液中添加 ZrO_2 颗粒的方法制备了含有 ZrO_2 相的微弧氧化膜，但是 ZrO_2 相主要分布在膜层的外部，并且没有对膜层的性能做进一步的考察。之前的研究发现，加入到微弧氧化溶液中钛溶胶能够参与氧化成膜，并且 Ti 元素在深度上分布于整个膜层。

因此尝试在磷酸盐体系的微弧氧化溶液中分别加入 5vol.%、10vol.%和 15vol.%的锆溶胶，考察锆溶胶的加入对微弧氧化过程及膜层微观形貌、成分、结构以及性能的影响。

实验所有锆溶胶采用以下方法制备：将一定量的正丙醇锆加入到无水乙醇中充分搅拌，之后在搅拌条件下将三乙醇胺和去离子水的混合物缓慢滴加于正丙醇锆和无水乙醇的混合液中，搅拌一定时间，得到淡黄色透明液体；其中正丙醇锆：无水乙醇：三乙醇胺：水的体积比为 3：10：1：1。

4.3.1 锆溶胶对氧化过程时间-电压变化的影响

图 4.3.1 所示为在含有不同量锆溶胶的溶液中微弧氧化过程中电压随时间的变化规律。从图中可以看出，溶液中加入锆溶胶对电压随时间的变化有明显的影响，但是根据电压的增加速率，氧化过程都可以分为 3 个阶段，这与钛溶胶的影响规律相似。微弧氧化过程中，不同锆溶胶含量溶液的起弧和终止电压见表 4.3.1。

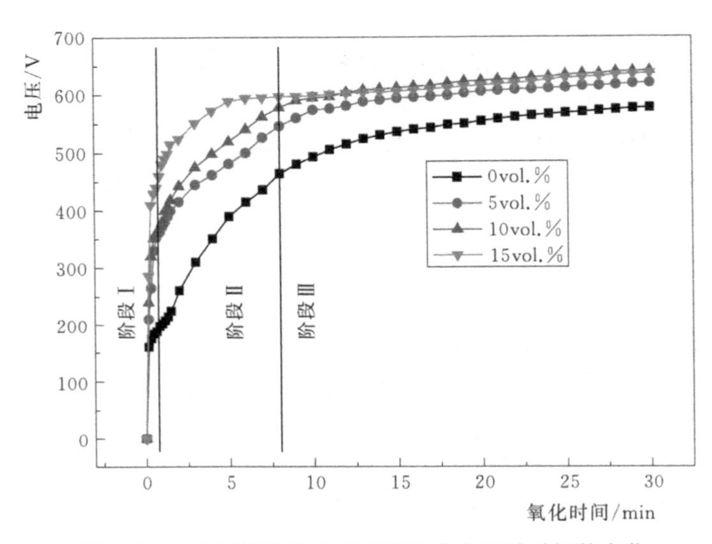

图 4.3.1 不同锆溶胶含量的溶液中电压随时间的变化

由于锆溶胶和钛溶胶一样，其主要成分仍为酒精。根据之前所做的钛溶胶含量对溶液电导率的影响规律，可以推断出溶液中加入锆溶胶后，电导率降低，并且降低程度与加入量呈正比的关系。由于微弧氧化过程中的起弧电压和溶液的电导率有关，并且随着电导率的降低而增加[42,132]。由于电导率的降低，其起弧电压和氧化电压就会提高。从表 4.3.1 中可以看出，溶液的起弧电压随着锆溶胶的加入量增加而提高，但是锆溶胶含量为 15vol.%的溶液的终止电压却低于含量为 10vol.%的。终止电压的大小除了和溶液的电导率有关外，起决定性作用的还是膜层的厚度。生成的膜层厚度较大时，其对应的击穿电压值也高；反之，则电压值较小。

表 4.3.1 不同锆溶胶含量溶液起弧电压和终止电压

锆溶胶含量/vol.%	0	5.0	10.0	15.0
起弧电压/V	208	330	352	380
终止电压/V	583	620	641	637

4.3.2 锆溶胶对氧化膜厚度的影响

图 4.3.2 所示为氧化 30min 所到氧化膜的厚度随溶液中锆溶胶含量的变化图。从图中可以看出，锆溶胶的加入提高了成膜速度，增加了氧化膜层的厚度。随着溶液中锆溶胶含量的增加，氧化膜的厚度先增加后减小，在锆溶胶含量为 10.0vol.%时氧化膜的厚度最大，约为 78μm（65～97μm）。氧化膜厚度增加的同时，膜层的不均匀性增加，这是由微弧氧化的成膜特点所决定的。在微弧氧化过程中，氧化电压的大小与膜层的厚度有直接的关系，膜层越厚需要的击穿电压就越高。在锆溶胶含量为 15vol.%的溶液中得到的膜层比 10vol.%厚度降低，氧化的终止电压必然降低。

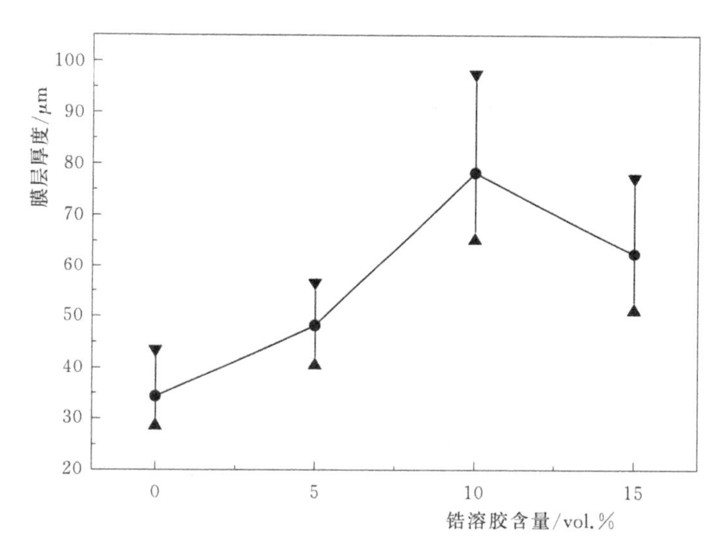

图 4.3.2　氧化膜厚度随锆溶胶含量的变化

4.3.3 锆溶胶对氧化膜结构的影响

图 4.3.3 所示为含有不同量锆溶胶的溶液中氧化 30min 得到的氧化膜的 XRD 图谱。从图中可以看出，在不含锆溶胶的溶液中得到的氧化膜主要组成相为非晶相和 $\gamma-Al_2O_3$。溶液中加入锆溶胶后，出现 $t-ZrO_2$ 的衍射峰，并且主峰的相对强度随着溶液中锆溶胶含量的增加呈先增加后减小的变化趋势，这说明氧化膜层中 $t-ZrO_2$ 的相对含量随着锆溶胶加入量的增加而先增加之后减少。在锆溶胶含量为 10vol.%时 ZrO_2 的衍射峰的强度最大，说明此时氧化膜中 ZrO_2 的含量最高。从图中可以看出 $t-ZrO_2$ 的衍射峰宽，根据谢乐公式

$$d=\frac{k\lambda}{\beta\cos\theta} \tag{4.3.1}$$

初步估算在不同锆溶胶含量情况下制备的氧化膜中 ZrO_2 的晶粒尺寸，见表 4.3.2。氧化膜层 XRD 图谱表明，确定在溶液中加入的锆溶胶在氧化过程中参与了氧化成膜，以纳米 $t-ZrO_2$ 颗粒的形式分布于膜层中。

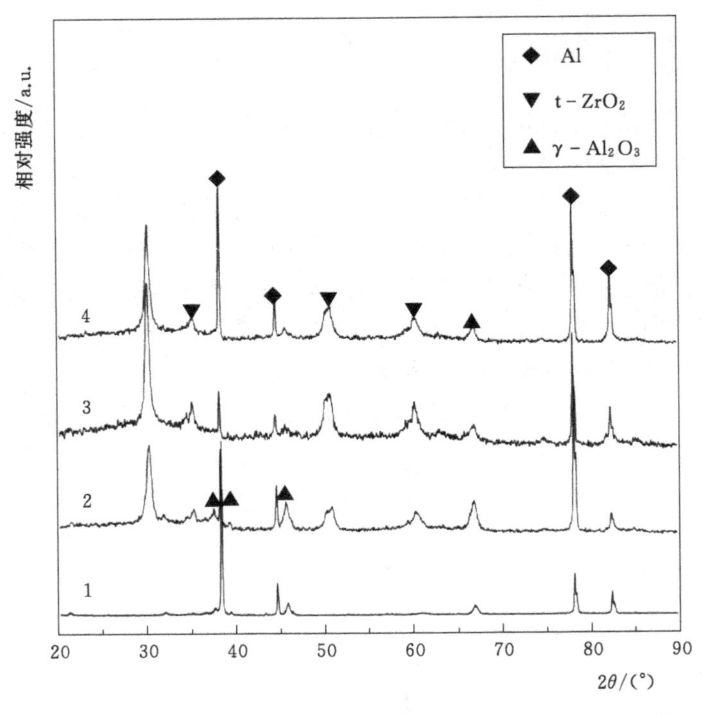

图 4.3.3　不同锆溶胶含量的溶液中得到氧化膜的 XRD 图谱
1—0vol. %；2—5vol. %；3—10vol. %；4—15vol. %

表 4.3.2　　　　不同氧化膜中 ZrO_2 的晶粒尺寸

溶液中添加剂含量/vol. %	5.0	10.0	15.0
晶粒尺寸/nm	20～40	20～35	10～15

4.3.4　锆溶胶对氧化膜微观形貌及成分的影响

图 4.3.4 所示为在含有不同量锆溶胶的溶液中氧化 30min 得到的微弧氧化膜表面微观形貌。从图中可以看出，溶液中锆溶胶的加入显著地改变了膜层的微观形貌。不含锆溶胶的溶液中得到的膜层表面较平整，存在大量的放电孔洞和微裂纹。加入锆溶胶后，膜层表面变得不平整，出现大量的凸起颗粒和明显的放电孔洞。随着锆溶胶含量的增加，膜层表面凸起颗粒的数量和孔洞的直径增加。从图 4.3.2 中可以看出，溶液中加入锆溶胶后，膜层厚度增加，氧化膜层厚度的增加必然导致其不均匀性增加，并且膜层表面的放电孔洞尺寸变大。通过对图 4.3.4 中锆溶胶含量分别为 10vol. %和 15vol. %中得到的氧化膜微观形貌比较发现，添加剂含量为 10vol. %时膜层的均匀性要好于 15vol. %时制备的膜层，并且膜层表面的孔洞数量和大小都小于后者。这就说明在锆溶胶的含量为 10vol. %的情况下，膜层能够兼有厚度和表面质量的最佳状态。

表 4.3.3 为在含不同量锆溶胶的溶液中得到的微弧氧化膜的表面成分。在基础溶液中得到的膜层表面主要组成元素为 O、Al 和 P。在含有锆溶胶的溶液中得到的氧化膜的表面

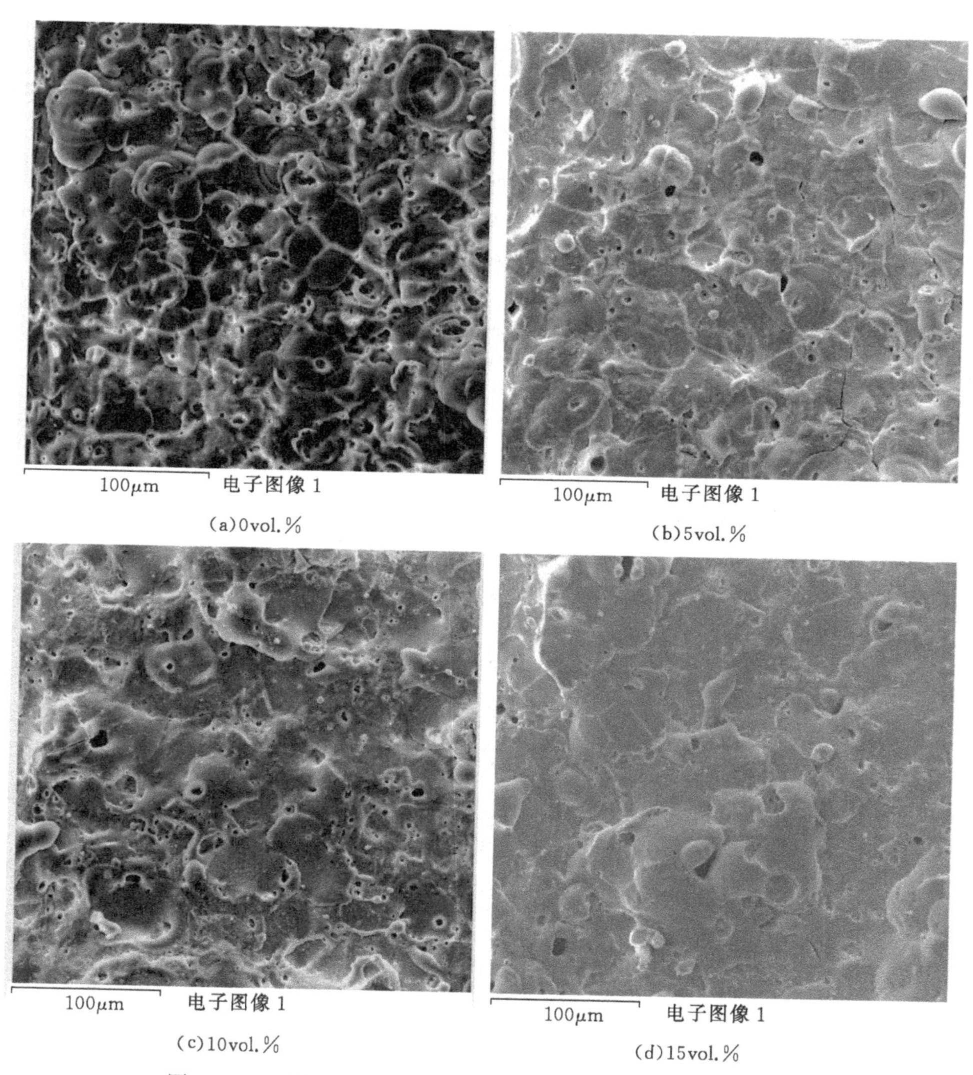

(a)0vol.%　(b)5vol.%

(c)10vol.%　(d)15vol.%

图 4.3.4　不同锆溶胶含量的溶液中得到氧化膜的微观形貌

含有大量的 Zr 元素，并且 Zr 的含量随着溶液中锆溶胶含量的增加呈先增加之后趋于稳定的变化趋势，在锆溶胶含量超过 10vol.%之后，膜层中 Zr 的含量基本保持稳定。随着溶液中锆溶胶含量的变化，氧化膜中 Al 元素的含量和 Zr 呈基本相似的变化规律。

表 4.3.3　膜层表面成分

锆溶胶含量/vol.%	O/at.%	Al/at.%	Zr/at.%	P/at.%
0	38.9	59.8	—	1.3
5.0	44.1	44.2	11.7	—
10.0	44.7	35.7	19.6	—
15.0	44.9	35.8	19.3	—

4.3.5　锆溶胶对氧化膜硬度及耐磨性的影响

表 4.3.4 为在不同锆溶胶含量的溶液中制备的微弧氧化膜的显微硬度值。从表中可以看出，当溶液中锆溶胶的加入量为 5vol.%时，膜层的硬度值从 1026HV 左右提高到 1238HV 左右。但是随着其含量的进一步增加，膜层的硬度值反而降低。这是因为微弧氧化膜的硬度除了与相组成有关之外，还与膜层致密程度有关。溶胶的加入使成膜速度增加，膜层厚度增加，同时使膜层中的孔洞数量和尺寸增加，从而导致氧化膜的显微硬度值降低。

表 4.3.4　不同锆溶胶含量下微弧氧化膜的硬度

锆溶胶含量/vol.%	0	5	10	15
显微硬度/HV	1026	1238	937	958

图 4.3.5 所示为在不同锆溶胶含量的溶液中得到微弧氧化膜的磨损失重曲线。从图中可以看出，所有条件下制备的膜层都呈现出相似的耐磨性规律：磨损失重量的增加和磨损次数基本呈线性增加。对含有不同锆溶胶的溶液中得到的微弧氧化膜失重与磨损行程次数进行线性拟合（$W=A+Bx$），线性方程分别为

$$W_0=-5.2+20X \tag{4.3.2}$$

$$W_1=-1.67+15.33X \tag{4.3.3}$$

$$W_2=-5.02+25.58X \tag{4.3.4}$$

$$W_3=-1.33+24.13X \tag{4.3.5}$$

式中　W_0——在基础溶液中得到的膜层的失重量；

W_1、W_2、W_3——锆溶胶的含量分别为 5vol.%、10vol.%和 15vol.%的溶液中得到的膜层失重量；

X——磨损循环次数，其中一次项系数表示膜层失重量的增加速度。

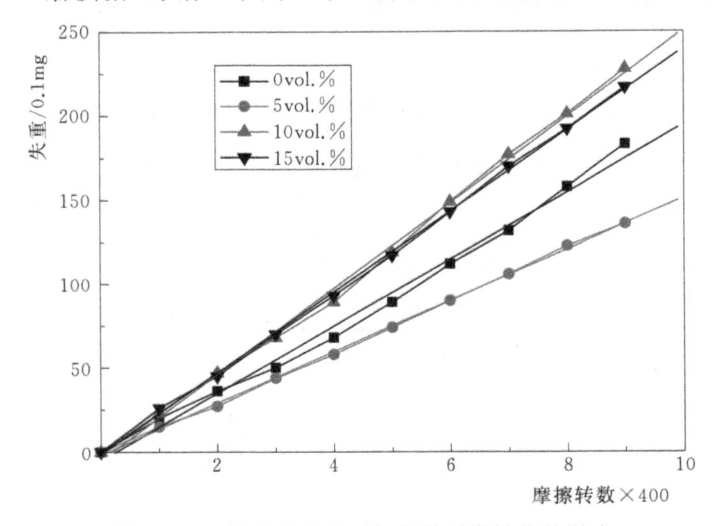

图 4.3.5　锆溶胶含量对氧化膜耐磨性能的影响

由式（4.3.2）～式（4.3.5）可知，随着微弧氧化溶液中锆溶胶含量的增加，一次项的系数先减小而后增加。锆溶胶的含量为5vol.%时膜层的耐磨性能增加。当进一步增加锆溶胶的含量时，膜层的耐磨性反而又降低，甚至不如基础溶液中制备的膜层的耐磨性。对于氧化膜层而言，其耐磨性除与硬度大小有关外，还与膜层的致密度有着很大的关系。当溶液中加入的锆溶胶含量为5vol.%时，其参与成膜，并且以t-ZrO_2相的形式存在于膜层中，由于t-ZrO_2的硬度大，所以膜层的耐磨性提高了。当溶液中添加剂粒子含量增加，膜层的成膜速度增加，同时使氧化膜中的孔洞数量及尺寸增加，氧化膜的疏松度增加，所以导致氧化膜耐磨性能降低。

4.4 溶胶粒子对微弧氧化过程的影响机制

在含有钛溶胶和锆溶胶的微弧氧化溶液中对铝合金进行微弧氧化处理，得到的微弧氧化膜从外观、厚度、微观结构以及形貌性能方面都发生了变化，说明溶胶粒子参与了氧化成膜过程。

关于溶胶的结构，一般认为在溶胶粒子的中心，是一个由许多分子聚集而成的固体颗粒，称为胶核。在胶核的表面常常吸附一层组成类似的、带相同电荷的离子。当胶核表面吸附了离子而带电后，在它周围的液体中，带相反电性的离子会扩散到胶核附近，并与胶核表面电荷形成扩散双电层，图4.4.1所示为溶胶粒子的结构[151,152]。吸附层的离子紧挨着胶核，跟胶核吸附得比较牢固，它跟随胶核一起运动。扩散层跟胶核距离远一些，容易扩散。由于胶核对吸附层的吸引能力较强，对扩散层的吸引能力弱，因此在外加电场作用下，胶团会从吸附层与扩散层之间分裂，形成带电荷的胶粒而发生电泳现象。带电的胶粒向一极移动，带相反电荷的反离子向另一极移动。因此，胶团在电场作用下的行为跟电解质相似。

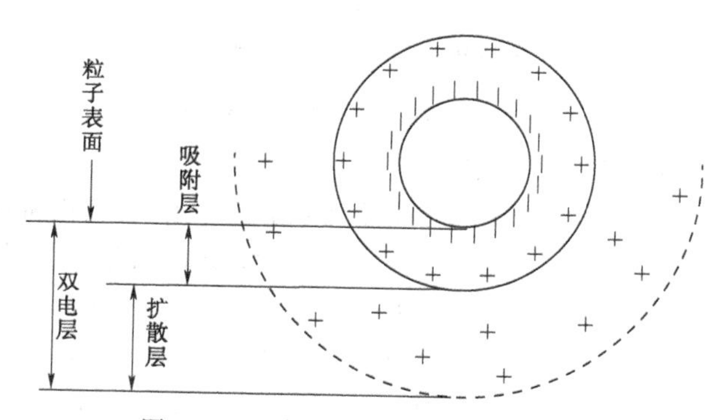

图4.4.1 溶胶的双电层结构示意图

研究认为微弧氧化包含以下几个基本过程：外电场作用下形成一层薄的氧化物绝缘层；随着外加电压升高产生电击穿形成放电通道；基体和胶质粒子在放电通道内发生一系列的物理、化学反应；之后放电通道内的熔融物在周围溶液的冷却下沉积在基体表面[142]。在电压-时间的变化规律中看，电压的变化可以分为3个阶段，如图4.1.1和图4.3.1所示。以钛溶胶为例，分析溶胶粒子对微弧氧化过程的影响。图4.4.2所示为在含有6.0vol.%钛溶胶的溶液中微弧氧化不同阶段阳极试样表面的状态。

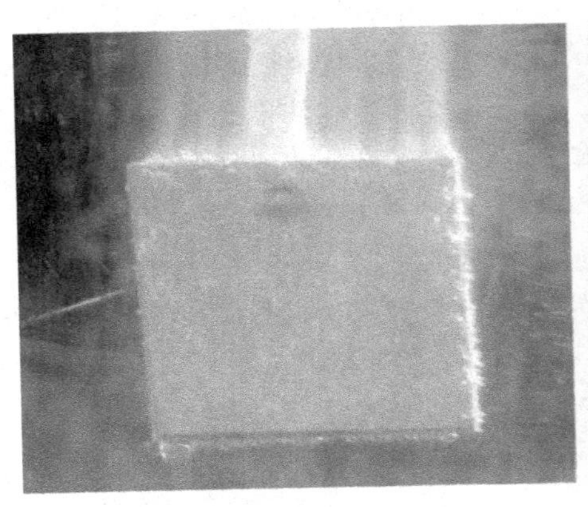

(a)第Ⅰ阶段

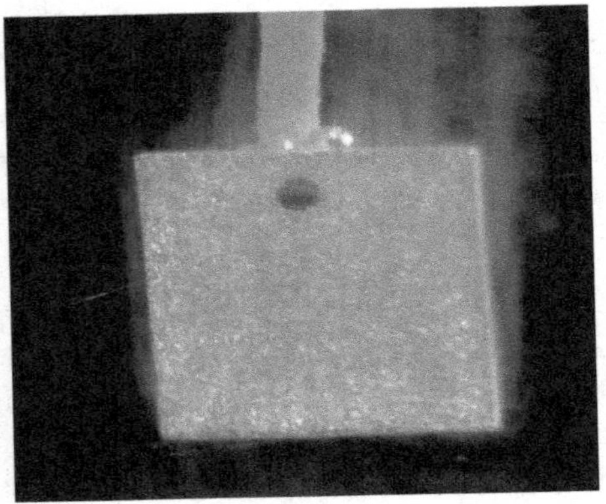

(b)第Ⅱ阶段

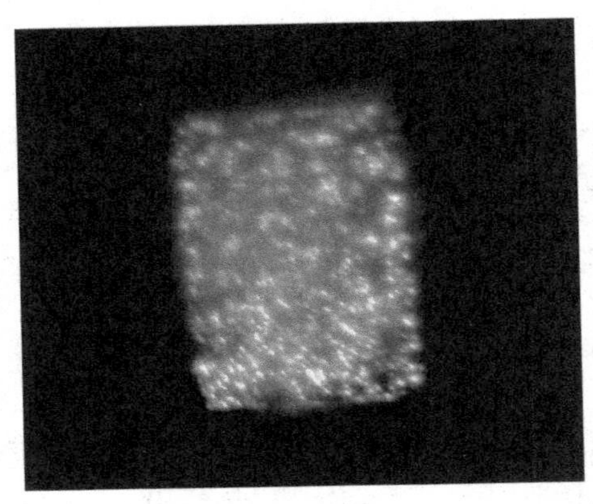

(c)第Ⅲ阶段

图 4.4.2　微弧氧化处理不同阶段阳极表面火花状态

含溶胶粒子的溶液在静置状态，溶胶粒子均匀地分散到溶液中，具有溶胶粒子的双电层结构，并且在溶液中做无规则的布朗运动。

微弧氧化开始后，首先进入微弧氧化第Ⅰ个阶段——阳极氧化阶段，电压快速升高。这一阶段阳极发生溶解，生成氧化膜，同时试样表面出现大量的气泡，如图 4.4.2（a）所示。阳极表面氧化膜和气泡的形成使阳极和溶液之间的电阻增加，使电压升高。与此同时，在外电场的作用下，溶胶粒子和其他阴离子（如 $P_6O_{18}^{6-}$、OH^-等）向阳极表面迁移。由于溶胶粒子粒径大，和其他阴离子相比，其迁移速度较慢，除了少量在阳极表面吸附外，更多的溶胶粒子在阳极表面形成聚集层，如图 4.4.3 所示。由于溶胶粒子在阳极表面的吸附和聚集，增加了阳极和溶液之间的电阻，使阳极氧化阶段的电压增加速率加快。

随着外电压的升高，在第Ⅰ阶段持续 30～50s 后，外加电压超过阳极表面氧化膜的临界击穿电压后，阳极表面出现大量快速移动的白色小火花，进入微弧氧化的第Ⅱ个阶段——火花放电阶段，如图 4.4.2（b）所示。最初产生的放电火花小，并且持续时间不超过 20μs[1]。由于火花放电的电击穿作用，会在氧化中形成放电通道，并且放电通道的直径由放电火花大小决定。在电场力的作用下，阳极表面的阴离子会进入放电通道内。由于溶胶粒子的粒径

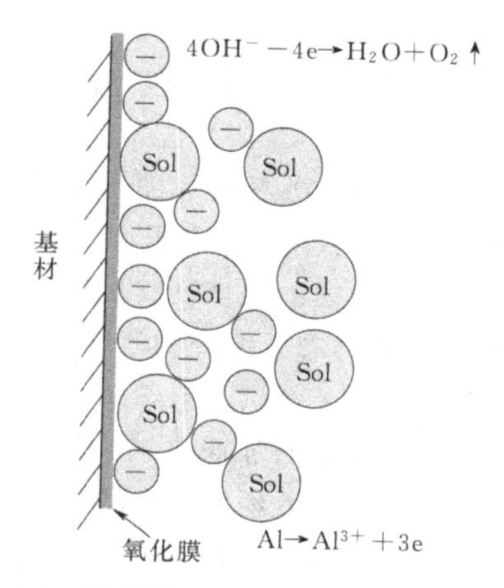

图 4.4.3 溶胶粒子微弧氧化第Ⅰ阶段的影响

大、迁移速度慢，在微弧放电的初期来不及进入放电通道内，进入放电通道的主要为 OH^- 和 $P_6O_{18}^{6-}$。因此在微弧氧化膜中靠近基体部分的 P 含量较高。这一阶段形成微弧氧化膜基本与没有添加溶胶微粒时所形成膜层相似，成膜示意图如图 4.4.4 所示。

在微弧氧化过程的最后一个阶段——微弧放电阶段，电压随着微弧氧化处理时间的延长而缓慢地增加。在这一阶段试样表面只有几个大的放电火花，并且火花的颜色由之前的白色变成黄色或红色，同时伴随着巨大的放电产生的爆鸣声，如图 4.4.2（c）所示。这一阶段出现的火花不仅尺寸大，而且持续时间大大增长（可达 33ms，略少于一个脉冲持续时间）。由于放电火花持续时间的增加和放电通道的增大，进入放电通道的溶胶粒子数量增多。同时，由于放电通道内的温度增高，进入放电通道内的 $P_6O_{18}^{6-}$ 会在放电通道内熔融，并从膜层中喷射出来。由于溶胶粒子粒径较大，其对放电通道的“填充”作用更加明显，使成膜速度明显增加，形成的膜层中含有溶胶组分。这一过程的成膜示意图如图 4.4.5 所示。

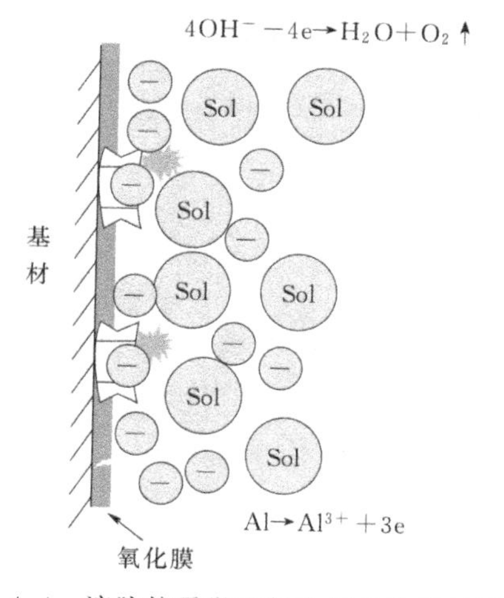

图 4.4.4 溶胶粒子微弧氧化第Ⅱ阶段的影响

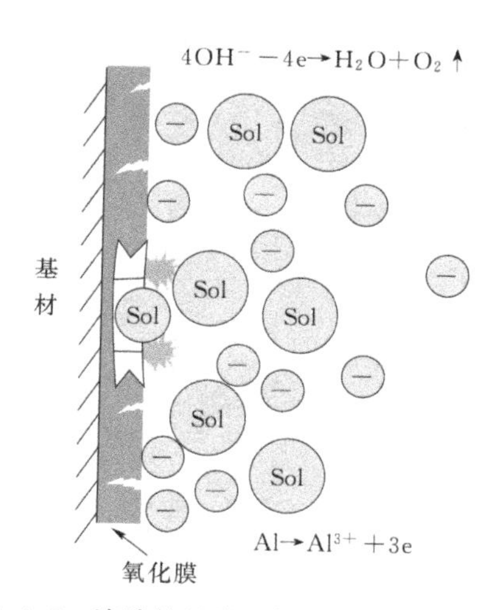

图 4.4.5 溶胶粒子微弧氧化第Ⅲ阶段的影响

4.5 本章小结

（1）在适用于铝合金的微弧氧化的基础溶液中加入钛溶胶后，膜层的颜色由灰色变为黑色；氧化膜层的厚度和不均匀性随着钛溶胶加入量的增加而增加，并且膜层表面孔洞的数量和直径随着溶胶加入量的增加而增加；不含钛溶胶的溶液中得到的氧化膜主要由O、Al和少量的P构成，在含有钛溶胶的溶液中得到的氧化膜中出现Ti和Na，并且Ti、Na和P的含量随着溶胶含量的增加而增加；Ti以Al_2TiO_5、Ti_2O_3和TiO的形式存在于膜中；微弧氧化膜的硬度随着溶胶的加入量增加而先增加后减小，在含量为6vol.%时膜层表现出较好的硬度及耐磨性能；微弧氧化处理使基体的抗拉强度和疲劳性能降低。

（2）在含有6vol.%钛溶胶的微弧氧化溶液中，随着氧化处理时间的增加，膜层的颜色逐渐加深，颜色均匀性增加；膜层的厚度也随着氧化处理时间的增加而增加，而厚度的均匀性先提高之后又减小；微观形貌和表面成分表面氧化处理的前期膜层表面不同区域Ti元素含量的差异导致了颜色和厚度的不均匀，随着氧化处理时间的增加，Ti在膜层表面分布的均匀性提高，Al_2TiO_5和TiO的相对含量也逐渐增加；微弧氧化过程中Ti的价态发生$Ti^{4+} \rightarrow Ti^{3+} \rightarrow Ti^{2+}$的变化。

（3）在铝合金微弧氧化溶液中加入锆溶胶后氧化成膜的速度增加，在其含量为10vol.%时膜层的厚度较大；加入溶液中的锆溶胶参与氧化成膜过程，以$t-ZrO_2$的形式存在于膜层中；加入锆溶胶后，氧化膜表面不均匀性增加；膜层的耐磨性随着锆溶胶含量的增加而先增加后减小，在含量为5vol.%时膜层的耐磨性较好。

（4）微弧氧化过程中，溶胶粒子在阳极表面吸附，并在阳极附近形成聚集层，使微弧氧化过程中第一阶段电压增加速度提高；产生火花放电的初期，只有极少量的溶胶粒子能够进入膜层中；随着阳极表面放电火花增大和持续时间的增加，进入放电通道内的溶胶粒子数量增加，参与氧化成膜过程，增加氧化成膜速度，改变膜层的结构和组成。

第 5 章　原位溶胶粒子对铝合金微弧氧化的影响

将预先制备的溶胶粒子加入微弧氧化溶液中，参与成膜，影响膜层的宏观形貌、成膜速度、组成、结构以及性能等。但是，溶胶和微弧氧化溶液存在是否能够稳定共存的问题。另外，溶胶普遍采用金属醇盐水解的方法制备，存在成本高的问题，这些都会影响将溶胶作为微弧氧化溶液添加剂的使用。吴振东、王文礼等[35,176,177]采用锆酸盐微弧氧化溶液在铝合金表面制备出含有 ZrO_2 相的膜层。另外，在含有多聚磷酸盐和 Me（Ⅱ）、Me（Ⅲ）可溶性盐溶液中的得到的微弧氧化膜层中含有 P 和 Me（Ⅱ）、Me（Ⅲ）元素，这是由于多聚磷酸根和 Me（Ⅱ）、Me（Ⅲ）在溶液中形成络合物，参与氧化成膜反应[178]。对多聚磷酸盐溶液的化学性质研究表明，当溶液中多聚磷酸根和金属阳离子的摩尔比大于 1 时，溶液是透明、澄清的，摩尔比小于 1 时会有沉淀出现[178]。这就意味着，通过微弧氧化溶液组分的适当选取，可以将多种金属阳离子引入到微弧氧化膜中，从而赋予氧化膜全新的成分、相组成及性能。

鉴于此，在第 4 章铝合金微弧氧化溶液的基础上，在溶液中引入三乙醇胺作为金属阳离子掩蔽剂，进一步防止沉淀物的产生，最终确定基础溶液组成为 40g/L 的 $(NaPO_3)_6$、10g/L 的 $Na_2B_4O_7$、5g/L 的 NaOH 和 5mL/LTEA。在基础溶液中分别加入不同量的可溶性锆酸盐和钛酸盐，通过各组分之间的反应，在溶液中原位生成锆和钛溶胶粒子，研究原位产生的锆和钛溶胶粒子对铝合金微弧氧化过程、膜层成分、组织结构及性能的影响，探讨参与氧化成膜机制。

5.1　锆酸盐对铝合金微弧氧化的影响

实验将锆酸盐加入到微弧氧化溶液中，在微弧氧化中原位水解生成溶胶粒子，即 Zr^{4+} 水解生成 $Zr(OH)_4$ 胶体粒子，比较直接加入溶胶粒子（第 4 章）与原位生成溶胶粒子对铝合金微弧氧化过程及膜层性能的影响。

5.1.1　锆酸盐对氧化过程时间-电压变化的影响

图 5.1.1 所示为溶液电导率和 pH 值随锆酸盐加入量的变化规律。可以看出，随着锆酸盐含量的增加，溶液的电导率增加，pH 值降低。电导率增加的原因不难理解，是由于锆酸盐引入的阳离子和阴离子的量随着锆酸盐含量的增加而增加。pH 值降低是由于 Zr^{4+} 离子会和溶液中的 OH^- 发生反应，生成 $Zr(OH)_4$ 而消耗溶液中的 OH^-。

图 5.1.2 所示为在含有不同量锆酸盐的溶液中微弧氧化过程中电压随时间的变化规律。可以看出，溶液中锆酸盐的加入使电压-时间曲线发生明显的变化，但是所有溶液中电压的变化都可以分为 3 个阶段。表 5.1.1 为含有不同量锆酸盐溶液的临界电压和终止电

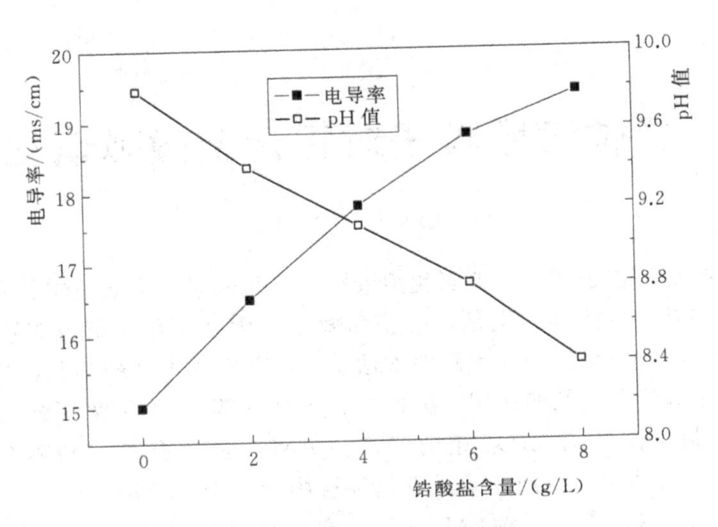

图 5.1.1　溶液电导率和 pH 值随锆酸盐含量的变化

压。从表中可看出，锆酸盐的加入降低了临界电压和终止电压，这是因为锆酸盐的加入增加了溶液的电导率。随着溶液中锆酸盐含量的增加，微弧氧化第一阶段的电压增加，这是因为随着锆酸盐含量的增加，溶液中 F^- 的量增加。F^- 能够起到加速阳极氧化膜的形成、减少阳极溶解的作用[179]。

表 5.1.1　　　　**不同锆酸盐含量的溶液起弧电压和终止电压**

锆酸盐含量/(g/L)	0	2.0	4.0	6.0	8.0
起弧电压/V	230	222	213	207	202
终止电压/V	594	590	586	585	—

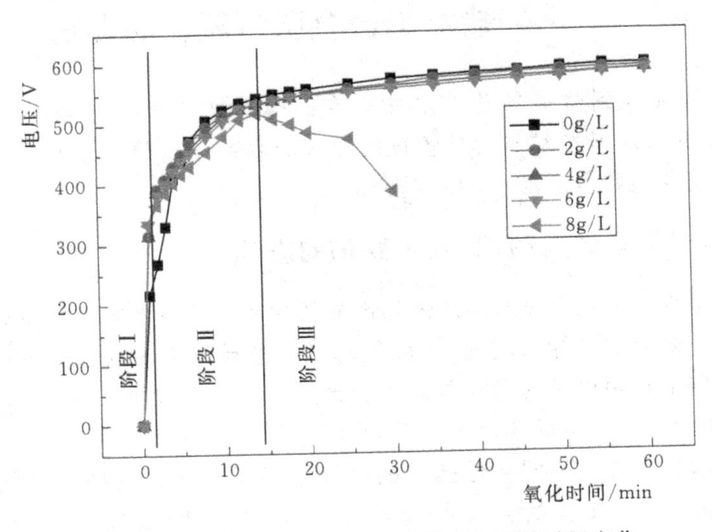

图 5.1.2　不同锆酸盐含量的溶液中电压随时间变化

在锆酸盐含量为 8g/L 的溶液中，经过 15min 氧化处理后，在试样的边角出现比其他部位大很多的放电火花，火花颜色也为微弧氧化后期才会出现的橘红色。之后火花迅速变大，其覆盖的部位，前期生成的致密氧化膜剥落，形成疏松的颗粒状物质，并且基体也出现烧蚀的情况，试样如图 5.1.3 所示。从图 5.1.1 和表 5.1.1 中可以看出，锆酸盐含量为 8g/L 的溶液的电导率最大、起弧电压最低。锆酸盐的浓度增加引起溶液电导率增加，导致弧电压降低是出现烧蚀的原因[180]。因此，在后续实验的基础溶液中锆酸盐的最大加入量为 6g/L。

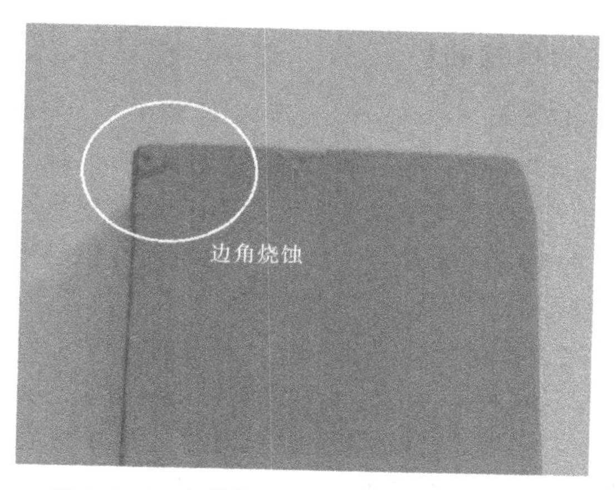

图 5.1.3　出现烧蚀的微弧氧化膜宏观照片

5.1.2　锆酸盐对氧化膜厚度的影响

图 5.1.4 所示为经 60min 氧化处理制备的氧化膜厚度随溶液中锆酸盐含量的变化。从图中可以看出，随着微弧氧化液中锆酸盐含量的增加，氧化膜厚度增加，在锆酸盐

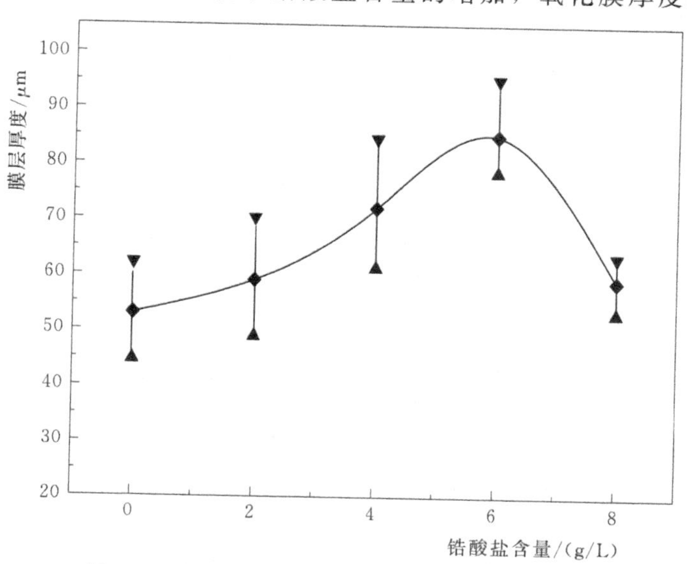

图 5.1.4　微弧氧化膜厚度随锆酸盐含量的变化

含量为 6g/L 时氧化膜厚度最大，约为 85μm。从氧化膜层的均匀性看，在锆酸盐含量为 0～4g/L 的范围内，随着其含量的增加，膜层厚度的不均匀性逐渐增加。一般情况下，随着膜层厚度的增加，膜层的均匀性都会降低。在锆酸盐含量为 6g/L 的溶液中，不仅膜层的厚度进一步增加，并且膜层厚度的均匀性较锆酸盐含量为 0～4g/L 时更好。锆酸盐含量为 8g/L 的溶液中，在微弧氧化的过程中试样的边角部位出现了烧蚀的现象，不能得到较厚的氧化膜层。从微弧氧化膜层的厚度和表面均匀性看，锆酸盐含量为 6g/L 时较好。

5.1.3　锆酸盐对氧化膜结构的影响

图 5.1.5 所示为在不同锆酸盐含量的微弧氧化溶液中经过 60min 氧化处理制备的氧化膜 XRD 图谱。从图中可以看出，在不含锆酸盐的溶液中得到的氧化膜主要由$\gamma-Al_2O_3$和少量的 $\alpha-Al_2O_3$ 组成。溶液中加入锆酸盐后，XRD 图谱中出现 $t-ZrO_2$ 相的衍射峰。在 XRD 谱图中，可以根据主强峰相对强度的变化判断其在膜层中的相对含量[159]。从图 5.1.5 中可以看出，$t-ZrO_2$(111) 峰的相对强度随着锆酸盐含量的增加而增加，这说明 $t-ZrO_2$在膜层中的含量随着锆酸盐加入量的增加而增加。从图 5.1.5 中可以看出，ZrO_2 所对应的衍射峰较宽，这是纳米晶的衍射峰的特征。根据谢乐公式，计算不同锆酸盐含量的微弧氧化溶液中得到氧化膜的各组成相的晶粒尺寸，结果见表 5.1.2。从表中可以看出，在含有锆酸盐的溶液中制备出的微弧氧化膜各组成相为纳米颗粒，并且晶粒尺寸随着锆酸盐含量的增加而减小。通过对氧化膜层的 XRD 分析，表明在溶液中加入的锆酸盐在微弧氧化过程中参与了氧化成膜，使膜层中出现纳米相的$t-ZrO_2$。

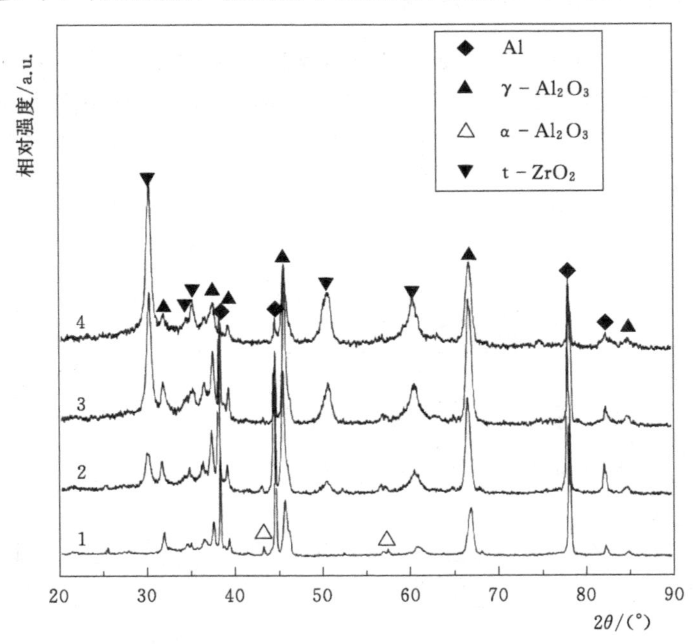

图 5.1.5　不同锆酸盐含量的溶液中得到氧化膜的 XRD 图谱

1—0g/L；2—2g/L；3—4g/L；4—6g/L

表 5.1.2 不同锆酸盐含量的溶液中制备的氧化膜中的晶粒尺寸

锆酸盐含量/(g/L)	ZrO_2 晶粒/nm	Al_2O_3 晶粒/nm
0	—	54.3
2.0	15.9	43.3
4.0	15.6	36.8
6.0	11.9	30.6

为进一步验证膜层的组织结构，对在含有 6g/L 锆酸盐的溶液中制备的微弧氧化膜采用 TEM 作进一步分析，结果如图 5.1.6 所示。图 5.1.6（a）所示为氧化膜的形貌照片，从图中可以看出膜层中大量弥散分布的纳米颗粒。图 5.1.6（a）所示中左下角图为电子衍射花样图片，可以看出衍射花样为散漫不连续的多晶衍射环，这也表明膜层的结构为纳米晶，其环的散漫特征表明膜层中纳米颗粒粒径的不均匀性。图 5.1.6（b）所示为膜层的 EDS 分析结果，说明膜层主要由 Al、O、Zr、Na 和 K 元素组成，这也进一步表明加入溶液的锆酸盐参与微弧氧化成膜反应，进入膜层中。图 5.1.6（c）所示为膜层的高分辨照片，从图中可以清楚地看到非晶相和弥散分布在膜层中的纳米颗粒，粒径在 10～20nm 之间。图 5.1.6（d）所示为图 5.1.6（c）中区域 I 的放大照片，图中有两个纳米颗粒，晶面间距分别对应 t - ZrO_2 的（1 1 1）晶面（d=2.95Å）和 γ - Al_2O_3 的（3 1 1）晶面（d=2.39Å）。这证明了在含有 6g/L 锆酸盐的溶液中得到了纳米 Al_2O_3/ZrO_2 复合氧化膜。

5.1.4 锆酸盐对氧化膜微观形貌的影响

图 5.1.7 所示为在含有不同量锆酸盐的溶液中 60min 氧化处理得到的氧化膜的表面微观形貌。从图中可以看出。膜层表面有大量的凸起颗粒、类似于火山喷发口的孔洞和微

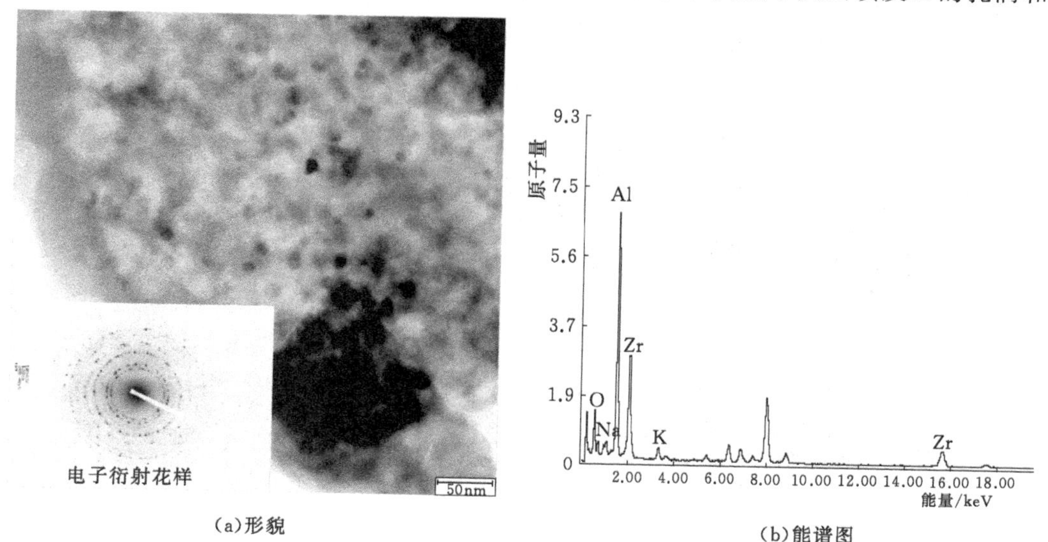

(a)形貌　　(b)能谱图

图 5.1.6（一） 含 6g/L 锆酸盐的溶液中得到氧化膜的 TEM 图谱

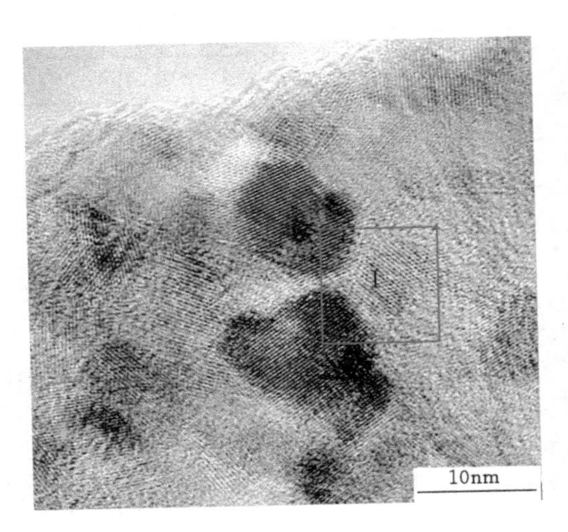

(c)高分辨照片

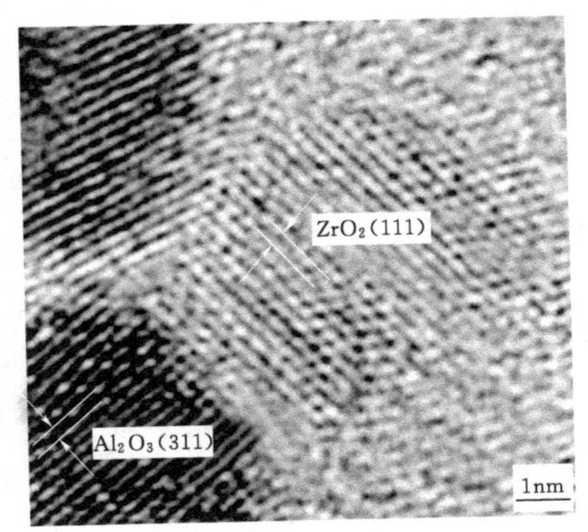

(d)d 高分辨照片中Ⅰ区放大图

图 5.1.6（二）　含 6g/L 锆酸盐的溶液中得到氧化膜的 TEM 图谱

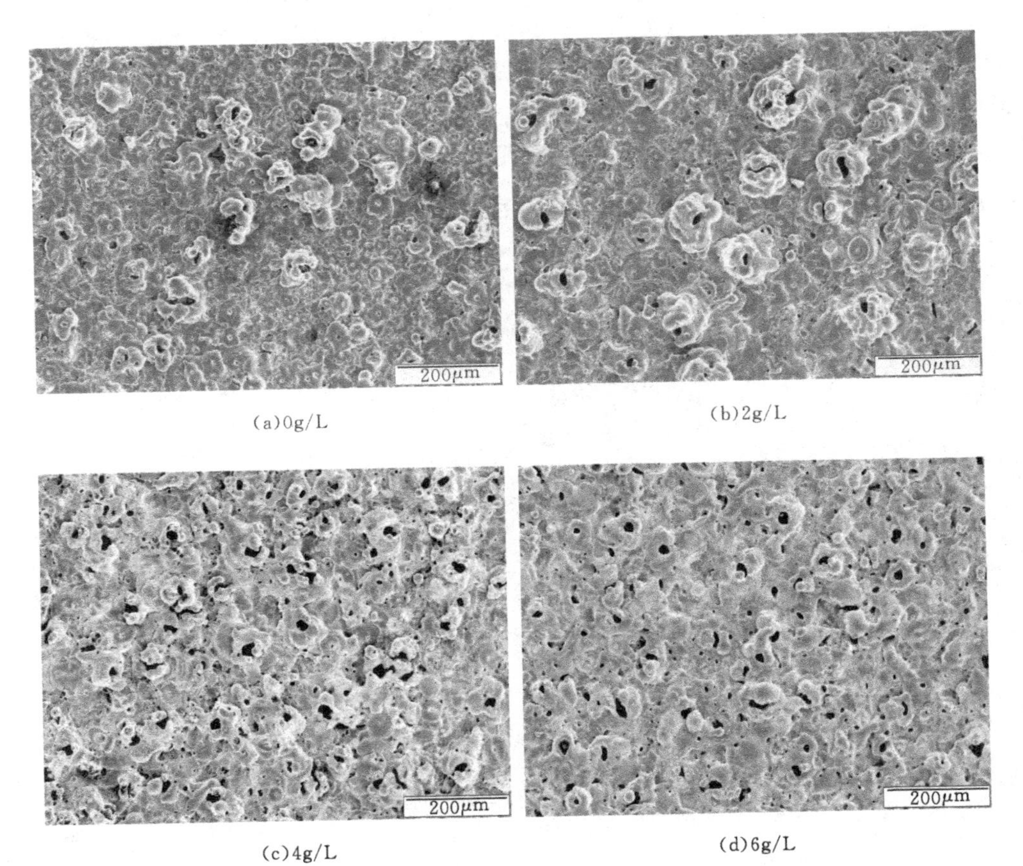

(a)0g/L　(b)2g/L

(c)4g/L　(d)6g/L

图 5.1.7　不同锆酸盐含量的溶液中得到氧化膜的微观形貌

裂纹，为微弧氧化膜的典型特征。溶液中锆酸盐的加入也使膜层的微观形貌发生明显的改变。在锆酸盐含量为0～4g/L的溶液中，得到的膜层表面凸起颗粒增多，并且膜层中的放电孔洞的直径变大。当锆酸盐的含量为6g/L时，膜层的均匀性有明显的改善，表面没有明显的凸起，这一点可以从图5.1.4中得到验证。溶液中锆酸盐含量为6g/L时，膜层厚度在增加的同时其表面的均匀性增加。表5.1.3为在含有不同量锆酸盐的溶液中得到的膜层表面EDS分析结果。从表中可以看出，随着溶液中锆酸盐含量的增加，膜层表面Zr的含量增加、Al的含量降低，而O的含量基本保持不变。EDS分析结果进一步表明，加入溶液中的锆酸盐参与成膜，改变了膜层的微观形貌、组成和结构。

表5.1.3　锆酸盐含量对氧化膜表面成分的影响

锆酸盐含量/(g/L)	O/at.%	Al/at.%	Zr/at.%
0	36.8	61.4	—
2.0	41.8	55.1	3.1
4.0	40.6	53.5	6.0
6.0	43.8	46.2	10.0

5.1.5　锆酸盐对氧化膜硬度及耐磨性的影响

表5.1.4为在含有不同量锆酸盐的溶液中得到的微弧氧化膜的显微硬度值。从表中可以看出，随着溶液中锆酸盐含量的增加，膜层显微硬度值增加。在不含有锆酸盐的溶液中得到的氧化膜的主要组成相为$\gamma-Al_2O_3$和少量的$\alpha-Al_2O_3$，虽然$\alpha-Al_2O_3$具有极高的硬度，但是其在膜层中所占比例较少，占主导地位的$\gamma-Al_2O_3$硬度较低，所以氧化膜的整体硬度值相对较低。微弧氧化液中加入锆酸盐后，其参与氧化成膜，膜层中出现$t-ZrO_2$，其硬度略低于$\alpha-Al_2O_3$，远高于$\gamma-Al_2O_3$，所以氧化膜的硬度值增加。随着锆酸盐含量的增加，其在氧化膜中的含量也增加，所以氧化膜的显微硬度值增加。

表5.1.4　膜层显微硬度

锆酸盐含量/(g/L)	0	2	4	6
显微硬度/HV	917	979	1255	1329

图5.1.8所示为在不同锆酸盐含量的微弧氧化溶液中得到的膜层失重量与磨损行程的关系。从图中可以看出膜层的失重量与磨损的行程呈线性关系，随着磨损次数的增加，失重量增加。对不同溶液中得到的微弧氧化膜失重与磨损行程次数采用最小二乘法进行线性拟合（$W=A+Bx$），线性方程分别为

$$W_0=-3.62+28.78X \quad (5.1.1)$$

$$W_2=-3.75+26.32X \quad (5.1.2)$$

$$W_4=1.29+12.62X \quad (5.1.3)$$

$$W_6=2.47+9.41X \quad (5.1.4)$$

式中　W_0——在基础溶液中得到膜层的失重量；

W_2、W_4、W_6 ——锆酸盐含量为 2g/L、4g/L 和 6g/L 的溶液中得到膜层的失重量；

X ——磨损循环次数，其中一次项系数表示膜层失重量的增加速度。

由式（5.1.1）～式(5.1.4）可知，随着溶液中锆酸盐含量的增加，一次项的系数减小，说明氧化膜的耐磨性提高。在锆酸盐含量为 6g/L 的溶液中得到微弧氧化膜的耐磨性能最好，相对于磷酸盐体系的基础溶液提高了 2 倍。

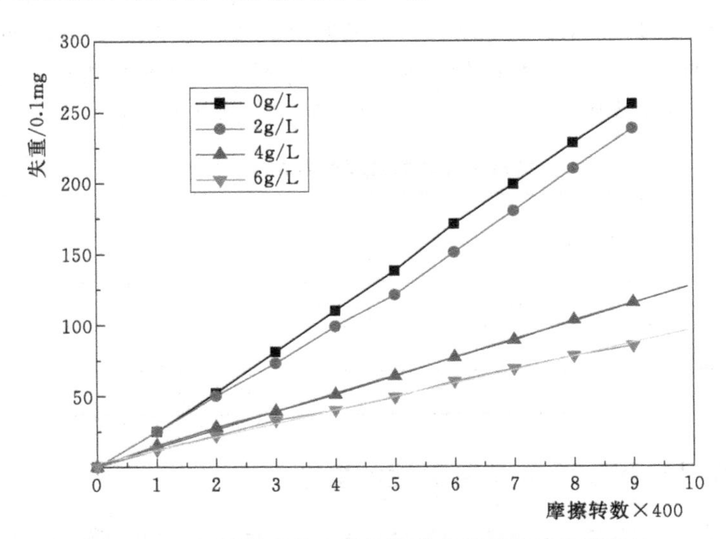

图 5.1.8　不同锆酸盐含量的溶液中得到膜层的耐磨性

5.1.6　锆酸盐对溶液稳定性的影响

在含有锆酸盐的微弧氧化溶液中，膜层中含有 ZrO_2 相，表明锆酸盐参与了微弧氧化过程中的成膜反应，并且最终进入膜层中。在碱性条件下，含有锆酸盐的溶液是不稳定的，这是因为锆酸盐水解产生的 Zr^{4+} 粒子会与 OH^- 发生反应，生成 $Zr(OH)_4$ 的沉淀。以成膜速度最大并且膜层的耐磨性最好的含有 6.0g/L 锆酸盐的溶液为对象，研究锆进入氧化膜发生的反应。在用来对试样进行微弧氧化处理之前，溶液中会发生以下化学反应，即

$$H_2O \Leftrightarrow H^+ + OH^- \quad (5.1.5)$$

$$K_2ZrF_6 \longrightarrow 2K^+ + ZrF_6^{2-} \quad (5.1.6)$$

$$ZrF_6^{2-} \Leftrightarrow Zr^{4+} + 6F^- \quad (5.1.7)$$

$$Zr^{4+} + 4OH^- \Leftrightarrow Zr(OH)_4 \quad (5.1.8)$$

但是由于溶液还有三乙醇胺存在，它能够和 Zr^{4+} 形成络合物，起到稳定 Zr^{4+} 的作用。另外，三乙醇胺同时发生水解，即

$$N(C_2H_5O)_3 + H_2O \Leftrightarrow ^+HN(C_2H_5O)_3 + OH^- \quad (5.1.9)$$

产生 OH^-，促进 $Zr(OH)_4$ 的形核，同时三乙醇胺还会吸附在 $Zr(OH)_4$ 晶核的表面，阻碍其长大而出现沉淀。另外，溶液中还存在大量的六偏磷酸钠（$P_6O_{18}^{6-}$），$P_6O_{18}^{6-}$ 一方面能够络合 Zr^{4+}；另一方面它也是一种表面活性剂，也会吸附在 $Zr(OH)_4$ 粒子的表面，防

止其团聚而出现沉淀。Rudnev 等[178]认为，对于大多数的溶液而言，当其中多聚磷酸盐与金属阳离子的摩尔比大于1时溶液是透明的。试验中采用的溶液中六偏磷酸钠与锆酸盐的摩尔比大于3。在三乙醇胺和六偏磷酸钠的共同作用下，溶液澄清，其中没有出现沉淀。

为了证明在溶液中发生了锆酸盐的水解，并且产生了 $Zr(OH)_4$ 粒子，采用动态光散射纳米粒度分析仪对比研究含有6g/L锆酸盐的溶液和基础溶液中粒子直径和分布的差异。图5.1.9所示为不同溶液的粒子直径和分布的动态光散射结果。从图中可以看出，在不含有锆酸盐的溶液中，有大约76%的粒子直径在140nm左右，24%的粒子直径在9nm左右。在含有锆酸盐的溶液中，有大约97%的粒子直径在350nm左右，3%的粒子直径在4870nm左右。溶液中粒子直径和分布的差异也证明了锆酸盐的加入对溶液的影响，也从另外一个方面证明 $Zr(OH)_4$ 粒子存在。含有锆酸盐溶液的Zeta电位大约为−21.4mV，表明在 $Zr(OH)_4$ 粒子表面带有负电荷，证明了其表面吸附有 $P_6O_{18}^{6-}$ 和 OH^-。

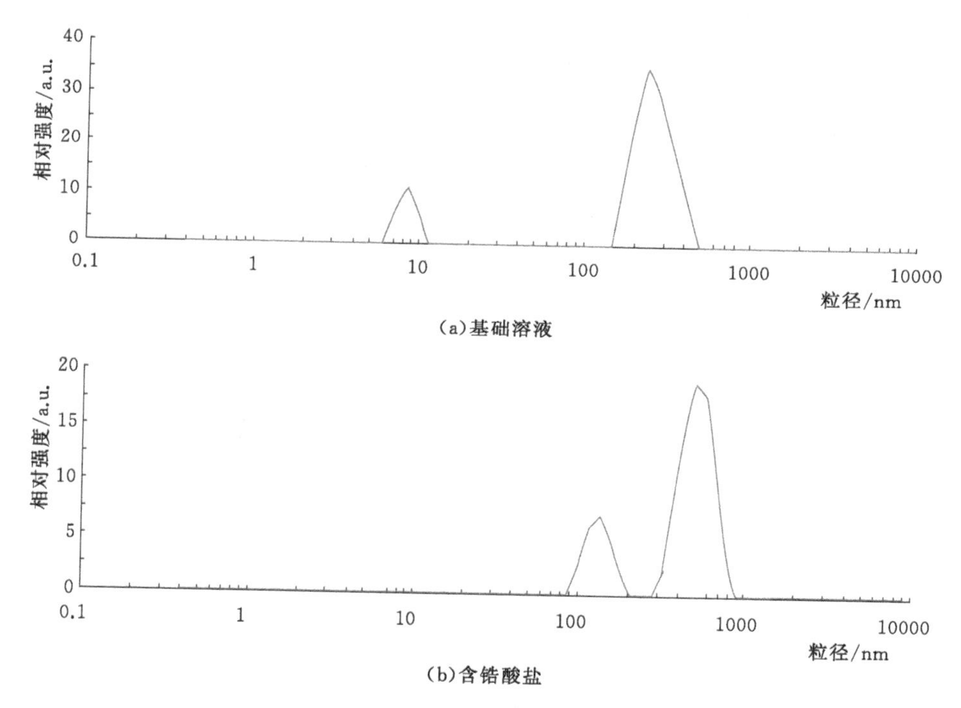

图5.1.9 不同溶液中粒子和粒径的动态光散射

之前对微弧氧化过程中时间-电压曲线变化的解释中已经提到了氧化过程中的3个阶段。氧化处理开始后，吸附有负电荷的 $Zr(OH)_4$ 粒子会在电场力的作用下向阳极移动，在阳极表面吸附，加快阳极表面绝缘膜的形成，同时在阳极附近形成聚集层，使电压增加速度提高。当外加电压超过这一层绝缘膜的击穿电压后就会发生火花放电，并在氧化膜中形成放电通道，在电场力（电场强度达 $10^6 \sim 10^8$ V/m）的驱动作用下 $Zr(OH)_4$ 粒子会进入放电通道内，与进入通道内的基体熔融物发生反应，随后在周围溶液的冷却作用下凝固

在基体表面，形成含有 ZrO_2 相的微弧氧化膜层。由于 Al_2O_3 和 ZrO_2 之间的固溶度很小，所以容易形成纳米 Al_2O_3/ZrO_2 复合结构的氧化膜。

5.1.7　含锆酸盐溶液中氧化处理对力学性能的影响

1. 氧化处理对基材拉伸性能的影响

在含有6g/L锆酸盐的微弧氧化液中对力学性能试样分别氧化处理30min、60min和90min，得到的氧化膜的厚度见表5.1.5。从表中可以看出，随着氧化处理时间的增加，膜层的厚度增加，并且膜层厚度的分散性增加。

表5.1.5　　微弧氧化处理时间对氧化膜厚度的影响

时间/min	30	60	90
氧化膜厚度/μm	34～37	64～68	86～94

对经过不同氧化处理的试样进行静力拉伸试验，试验结果的应力 σ 和应变 ε 关系如图5.1.10所示。试验测得试样的弹性模量 E 和极限抗拉强度 f_y 见表5.1.6。

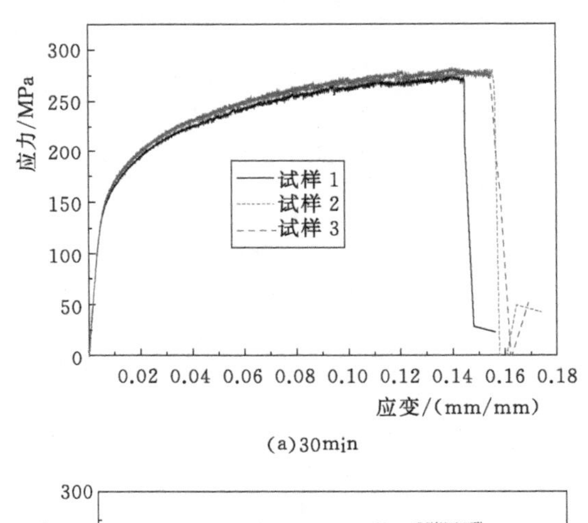

(a)30min

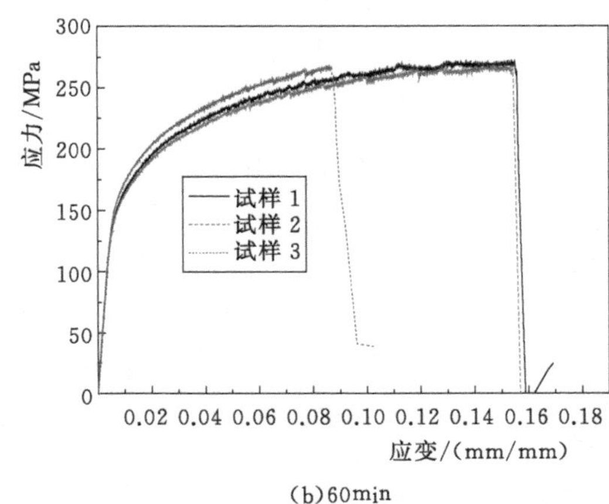

(b)60min

图5.1.10（一）　不同氧化处理时间试样的拉伸性能

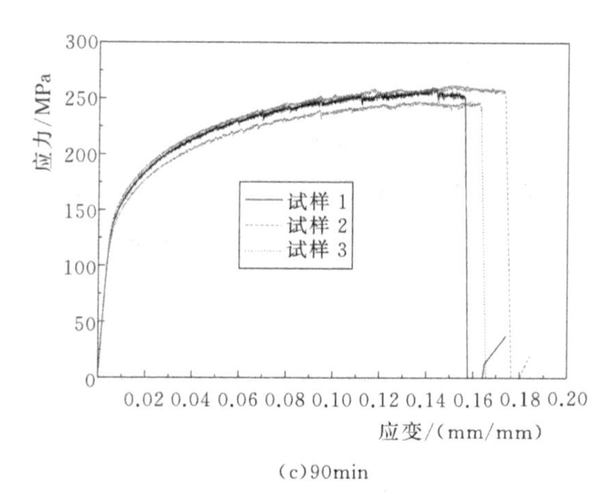

(c)90min

图 5.1.10（二） 不同氧化处理时间试样的拉伸性能

表 5.1.6 不同氧化处理时间得到试样的力学性能

时间/min	E/GPa	f_y/MPa
30	30.1	277
60	29.6	267
90	29.2	256

图 5.1.11 所示为经过不同氧化处理时间的试样的弹性模量和抗拉强度随时间的变化规律。从图中可以看出，随着氧化处理时间的增加，试样的弹性模量和极限抗拉强度下降。

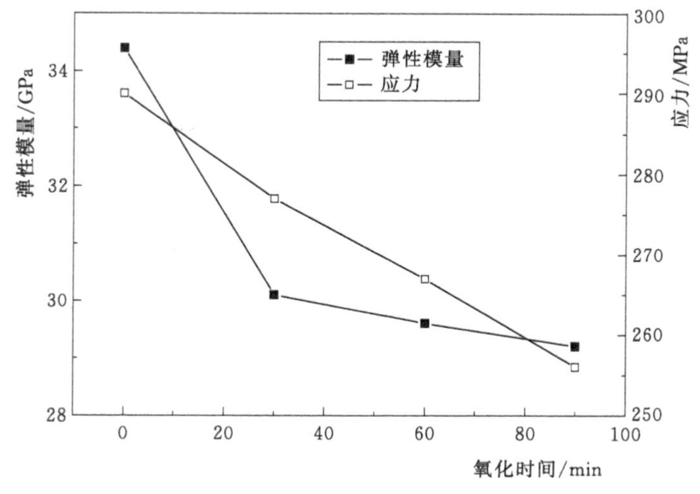

图 5.1.11 弹性模量和抗拉强度随微弧氧化时间的变化

2. 氧化处理对基材疲劳性能的影响

根据前面拉伸性能的试验结果，在含有 6g/L 锆酸盐微弧氧化液中经过 30min 氧化处理试样进行疲劳性能试验，结果见表 5.1.7。图 5.1.12 所示为不同应力条件下试样的疲劳寿命。从图中可以看出，在含锆酸盐的溶液中经过微弧氧化处理后，2A70 铝合金的疲劳寿命降低。和在含有钛溶胶的溶液中处理的试样相比，含锆酸盐的溶液中处理对试样的疲劳性能影响更大，这是由膜层厚度、组成和结构的差异造成的。

表 5.1.7　带有微弧氧化膜试样拉伸疲劳试验结果

编号	σ_{max}/MPa	σ_{min}/MPa	σ_m/MPa	σ_a/MPa	N/万次	备注
1	200	20	110	90	13.8	断裂破坏
2	180	18	99	81	28.7	断裂破坏
3	170	17	93.5	76.5	32.6	断裂破坏
4	150	15	82.5	67.5	200	未断停机

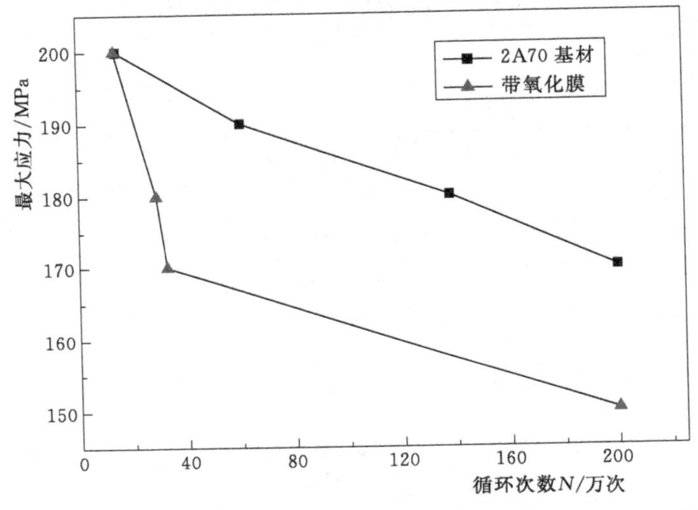

图 5.1.12　含锆酸盐溶液中氧化处理对铝合金的疲劳寿命-应力关系曲线

5.2　钛酸盐对铝合金微弧氧化的影响

在铝合金微弧氧化的溶液中加入钛溶胶，能提高微弧氧化膜的成膜速度，使膜层的颜色由灰色变成黑色，并且膜层的耐磨性也能得到提高。对于耐磨性而言，在使用过程中黑色微弧氧化膜的磨损情况更容易观察，这样就可以及时修复或者是更换磨损严重的零件，避免故障的发生。另外，黑色的氧化膜也具有装饰性。文献［181］、文献［182］表明，钛离子在水溶液中极易发生水解，产生 TiO_2 胶体粒子。因此，可以在微弧氧化的溶液中加入可溶性的钛酸盐，通过其水解产生溶胶粒子来制备含有 Ti 元素的黑色微弧氧化膜。

采用可溶性的钛酸盐，将其加入到铝合金的微弧氧化溶液中，研究其加入量对成膜过程、膜层成分、结构以及性能的影响。分析溶液中钛溶胶粒子的产生过程、粒径、分布及其参与氧化成膜的过程。

5.2.1 钛酸盐对微弧氧化过程的影响

图 5.2.1 所示为在含有不同量钛酸盐的溶液中微弧氧化过程中电压随时间的变化规律。从图 5.2.1 中可以看出，钛酸盐含量少于 6g/L 时，电压的变化可以分为 3 个阶段。当钛酸盐的加入量为 6g/L 时，氧化处理 10min 后电压不再增加，出现尖角放电现象，膜层剥落，并且电压下降。钛酸盐的加入使微弧氧化第一阶段电压的增加速度提高，这一阶段为时间—电压变化的法拉第区，在阳极表面生成氧化膜。图 5.2.2 所示为溶液电导率和 pH 值随钛酸盐含量的变化。可以看出随着钛酸盐加入量的增加，溶液的电导率增加，pH 值降低。pH 值降低是由于 Ti^{4+} 离子与溶液中的 OH^- 反应生成 $Ti(OH)_4$，使溶液中的 OH^- 降低。溶液中加入钛酸盐后，氧化处理的第一阶段的时间缩短，F^- 的引入增加了阳极表面氧化膜/转化膜的成长速度增加，减少阳极的溶解[179]。钛酸盐含量过高时（超过 6g/L），由于电导率的增加导致尖角放电现象的发生，出现试样边角烧蚀的情况。

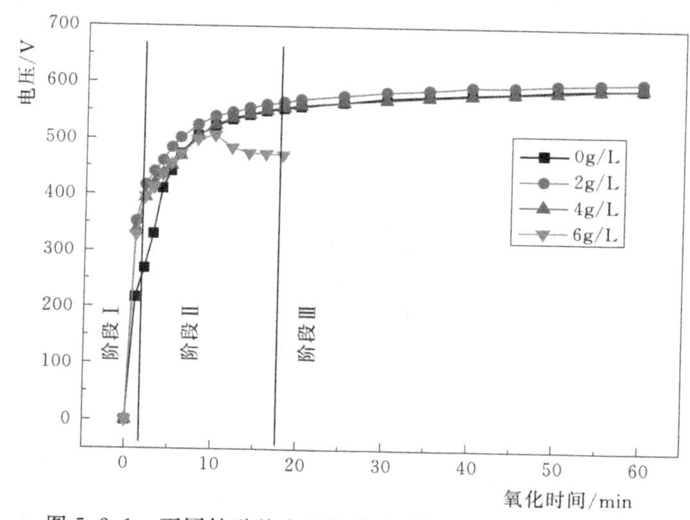

图 5.2.1 不同钛酸盐含量的溶液中电压随时间变化曲线

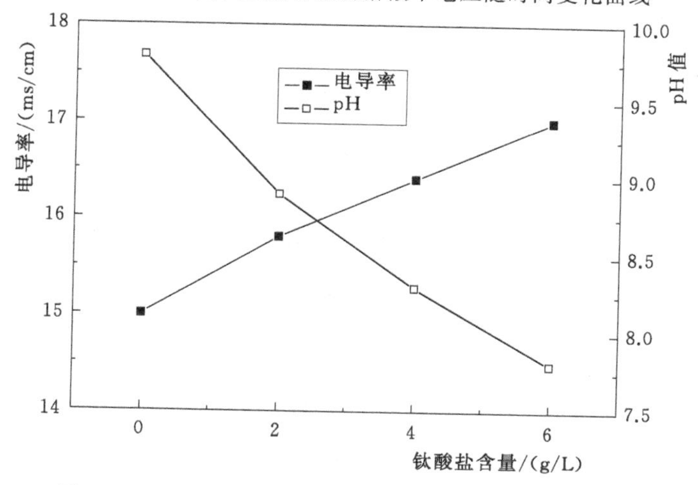

图 5.2.2 钛酸盐含量对氧化液电导率和 pH 值的影响

一般认为，微弧氧化液电导率的增加会使氧化的起弧电压、氧化膜电压以及终止电压增加。但是在图 5.2.1 中，在钛酸盐含量为 2g/L 的溶液中，微弧氧化的处理过程中的电压值始终高于基础溶液。这是因为，在微弧氧化过程中氧化电压的高低与膜层的厚度有直接的关系，膜层厚度大时需要的外加氧化电压就高，相对而言膜层的厚度小时外加的电压就低。所以，氧化过程电压的变化除了受电导率影响外，还与成膜速度有关。和基础溶液相比，含有 2g/L 钛酸盐的溶液，虽然电导率增加了，但是氧化成膜的速度也增加了，所以在氧化过程中电压始终高于基础溶液。

5.2.2　钛酸盐对氧化膜厚度的影响

图 5.2.3 所示为在含有不同量的钛酸盐的氧化液中经过 60min 氧化处理得到的微弧氧化膜的宏观照片。可以看出，在不含钛酸盐的溶液中得到的膜层为灰色，加入 2g/L 的钛酸盐后，膜层的颜色变为灰黑色。当溶液中钛酸盐的含量为 4g/L 时，得到的膜层为黑色。这表明微弧氧化液中加入的钛酸盐在微弧氧化过程中参与氧化成膜，并且进入膜层中，从而使膜层的颜色发生了变化。钛酸盐的加入引入的离子可以增加微弧氧化液的电导率，改善膜层质量[87,183]。结合之前溶液中加入钛溶胶的实验结果，可以断定膜层颜色变化是由于 Ti 元素进入膜层中。

(a)0g/L　　(b)2g/L　　(c)4g/L

图 5.2.3　钛酸盐含量对膜层外观的影响

图 5.2.4 所示为在含有不同量的钛酸盐的溶液中经过 60min 微弧氧化处理得到的氧化膜厚度。从图中可以看出，随着溶液中钛酸盐加入量的增大，膜层的厚度增加。微弧氧化膜的生长方式决定了微弧氧化膜表面具有一定的不均匀性，并且随着膜层厚度的增加这种不均匀性增加。在溶液中加入钛酸盐后虽然膜层的厚度增加，但是膜层的不均匀性却没有明显增加，甚至还有所降低。这说明溶液中加入的钛酸盐不仅能够增加成膜速度，并且能够增加膜层的均匀性。

综合膜层外观（颜色的均匀性）、厚度以及厚度的均匀性，在钛酸盐含量为 4g/L 的溶液中得到的微弧氧化膜最具优势。因此，采用钛酸盐含量为 4g/L 的溶液和基础溶液进行对比，研究在两种微弧氧化溶液中膜层厚度随时间的变化，并在此基础上结合其他分析

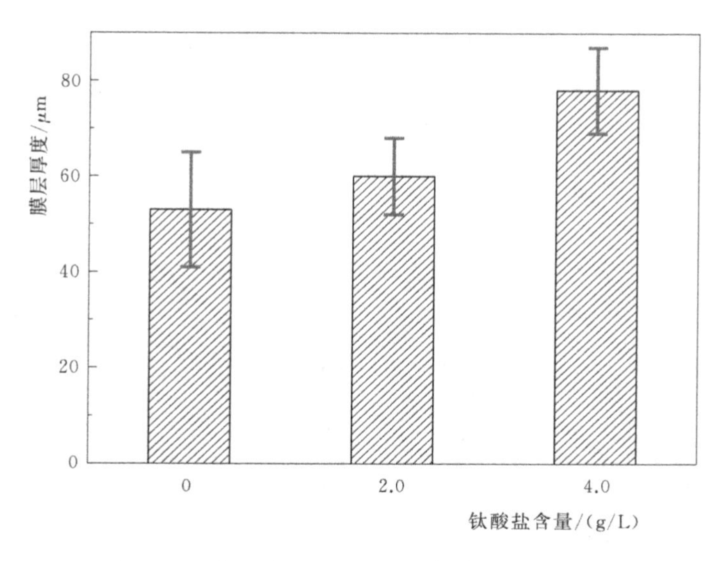

图 5.2.4 钛酸盐的含量对微弧氧化膜厚度的影响

手段，研究钛酸盐在微弧氧化成膜过程中的作用机制。图 5.2.5 所示为两种溶液中膜层厚度随氧化处理时间的变化。从图中可以看出，在两种溶液中膜层的厚度均随着氧化处理时间的增加而增加，同时，随着膜层厚度的增加，厚度的不均匀性增加。在含有 4g/L 钛酸盐的溶液中得到的微弧氧化膜层的生长速度较大，并且膜层的均匀性也好于基础溶液。下面重点研究溶液中钛酸盐含量为 4g/L 时其对膜层形貌、结构及膜层耐腐蚀性能和耐磨性的影响。

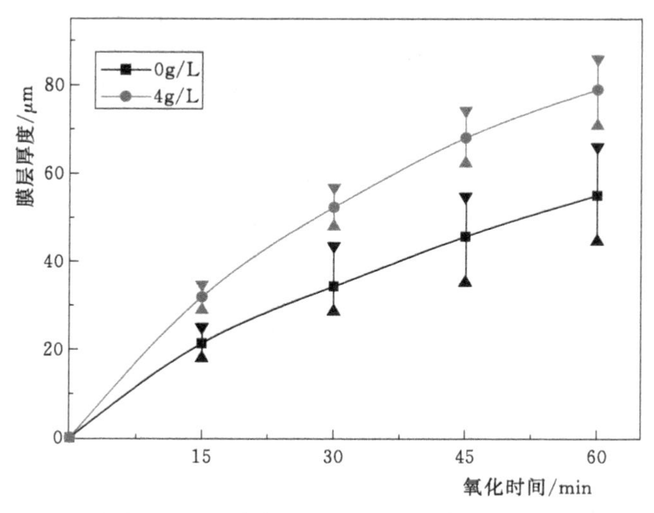

图 5.2.5 不同溶液中膜层厚度随时间的变化

5.2.3 钛酸盐对氧化膜形貌的影响

图 5.2.6 所示为在基础溶液和含有 4g/L 钛酸盐的溶液中经过不同时间氧化处理得

到的氧化膜层表面形貌，膜层厚度大约为 55μm。从图中可以看出，在两种溶液中制备的微弧氧化膜层的表面都存在大量的类似于火山喷发口的孔洞和微裂纹。在基础溶液中得到的膜层表面随机分布着类似于“岛状”的放电熔融物。与基础溶液相比，在含有钛酸盐的溶液中得到的氧化膜层表面分布着类似于“饼状”的熔融物，膜层也较为均匀平整。

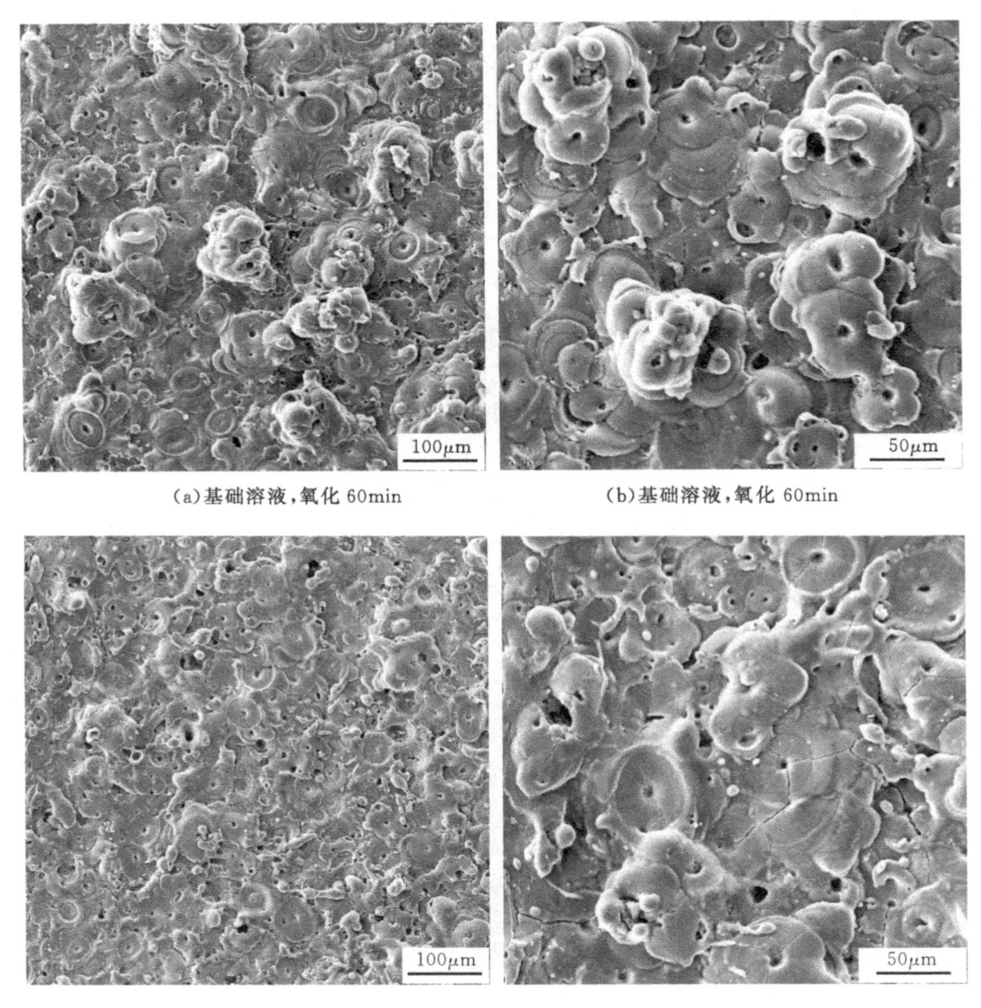

(a)基础溶液，氧化 60min　　(b)基础溶液，氧化 60min

(c)4g/L 钛酸盐，氧化 32min　　(d)4g/L 钛酸盐，氧化 32min

图 5.2.6　不同溶液中膜层的微观形貌

表 5.2.1 为在不同的微弧氧化溶液中得到的微弧氧化膜层的表面成分。在基础溶液中得到的氧化膜主要由 Al 和 O 构成。在含有钛酸盐的溶液中得到的膜层表面检测到了 Ti、Na 和 P，而且 Al 的含量相对于基础溶液制备的膜层降低。膜层中 Ti 的含量大约为 6.3at.%，远高于基体中钛的含量（小于 0.06at.%），这进一步说明溶液中的钛酸盐在微弧氧化过程中参与了氧化成膜反应，Ti 进入膜层中。

表 5.2.1 **不同溶液中得到膜层的表面成分**

试样	O/at. %	Al/at. %	Na/at. %	P/at. %	Ti/at. %
基础溶液	35.9	64.1	—	—	—
含有钛酸盐溶液	36.8	52.3	2.1	2.6	6.2

图 5.2.7 所示为在含有钛酸盐的溶液中得到膜层的断面形貌及元素分布图。从图中可以看出膜层的厚度为 50～60μm，其中分布有大量的孔洞。从图中看，在膜层中靠近基体 10%～20%部分的膜层更加致密，之前的研究都将这部分称为“致密层”。从元素分布图看，Ti 元素在膜层靠近基体的 10～20μm 部分含量明显低于外层的含量。在膜层中，Al 和 O 的含量分布基本保持一致，而 P 在膜层中靠近基体的 10～20μm 部分含量明显高于外层的含量。在微弧氧化过程中，当外加电压超过临界起弧电压之后，之前形成的氧化膜被击穿，试样表面出现放电火花，同时在氧化膜中形成放电通道。Ti 的络合物以及其他的来自溶液的阴离子在电场力或化学吸附力的作用下进入放电通道内[142]，与此同时，来自基体的熔融物也进入放电通道内，在放电通道内发生成膜反应。在微弧氧化的早期形成的放电通道很小[184,185]，并且持续时间短，进入放电通道中钛的络合物数量少，所以膜层中 Ti 含量较少。随着氧化时间的延长，放电通道的直径增加，这时能够进入放电通道中的钛络合物的数量增加，也就使得膜层中钛的含量增加。另外，由于钛的络合物中含有 $P_6O_{18}^{6-}$ 和 Na^+，它们进入膜层中的量会随着钛络合物数量的增加而增加，所以在含有钛酸盐的溶液中制备的膜层中出现 P 和 Na。

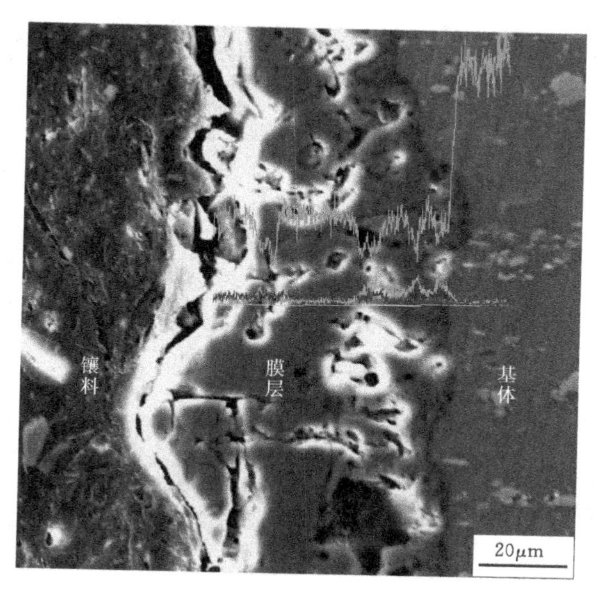

(a)膜层断面形貌

图 5.2.7（一） 含有钛酸盐的溶液中得到膜层的断面及元素分布

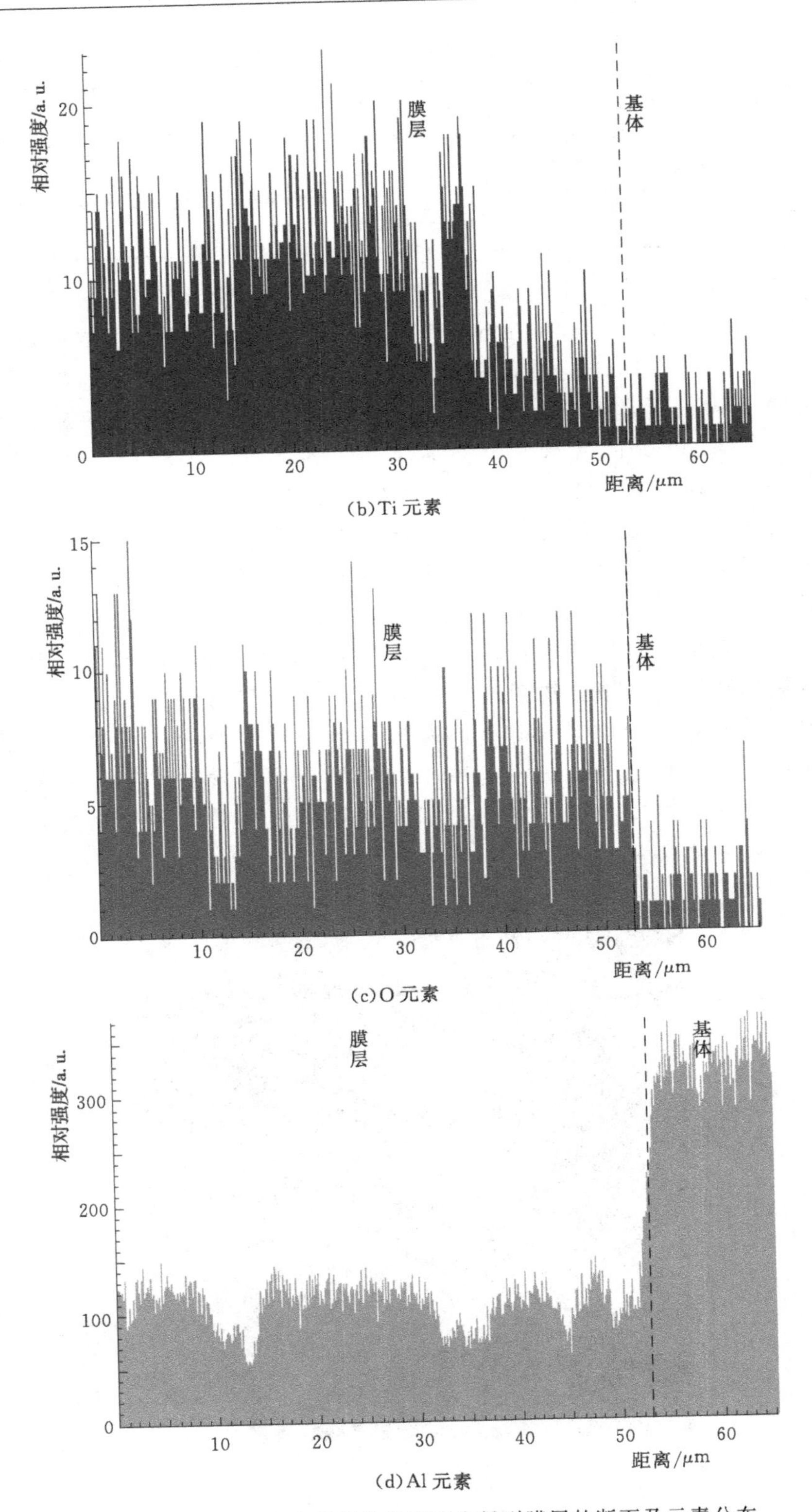

图 5.2.7（二）　含有钛酸盐的溶液中得到膜层的断面及元素分布

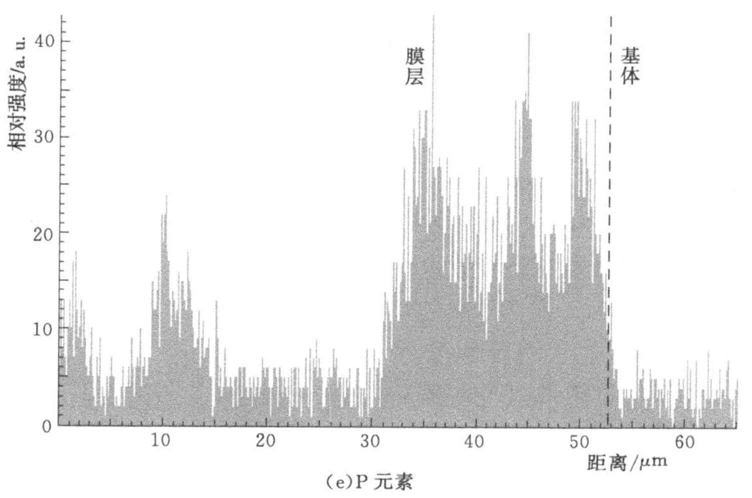

(e)P 元素

图 5.2.7（三） 含有钛酸盐的溶液中得到膜层的断面及元素分布

5.2.4 钛酸盐对膜层结构的影响

图 5.2.8 所示为不同溶液中得到的微弧氧化膜的 XRD 图谱。从图中可以看出，尽管两种溶液的成分有一定差异，但是得到的膜层的主要构成物均为 $\gamma-Al_2O_3$ 和 $\alpha-Al_2O_3$。在含有钛酸盐的溶液中得到的膜层中 $\alpha-Al_2O_3$ 所对应的衍射峰的相对强度增加，这说明膜层中 $\alpha-Al_2O_3$ 的相对含量增加。采用 Jade 6.0 对膜层中组成相的含量进行半定量的计算分析，结果显示，由于溶液中钛酸盐的加入，膜层中 $\alpha-Al_2O_3$ 的相对含量由大约 10wt.%增加至大约 20wt.%，而两种膜层中非晶相的含量基本相同，大约为 8wt.%。尽管之前的 EDS 表明膜层表面有 Ti 元素存在，但是 XRD 谱图中没有显示与 Ti 有关的相，这说明它们可能以非晶的形式存在于膜层中，或者是由于含量太低而无法产生相关衍射峰。

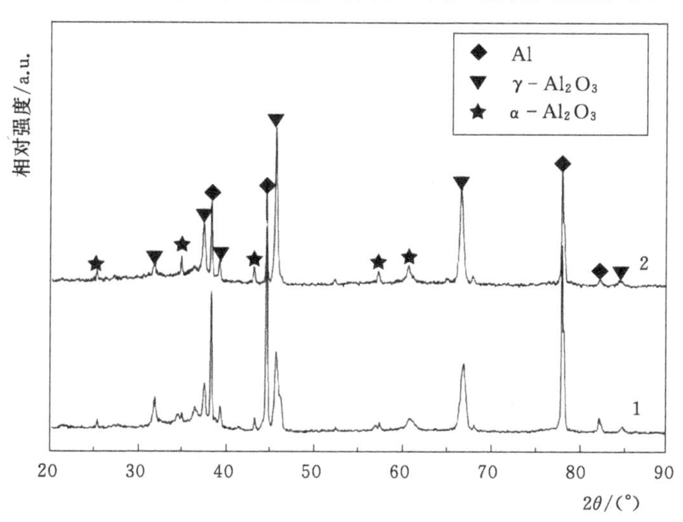

图 5.2.8 不同溶液中得到的膜层的 XRD 图谱

1—基础溶液；2—4g/L 钛酸盐

5.2.5　钛酸盐对膜层的硬度及耐磨性的影响

微弧氧化溶液中钛酸盐的加入使得膜层中 $\alpha-Al_2O_3$ 的相对含量增加，相应地就会在膜层的硬度上有所体现，显微硬度值由不含钛酸盐时的 917HV 增加至 1260HV。图 5.2.9 所示为在不同溶液中得到膜层的失重量与磨损行程的关系。从图中可以看出膜层的失重量与磨损的行程呈线性关系，并且随着磨损次数的增加，失重量增加。对不同溶液中得到的微弧氧化膜失重与磨损行程次数进行线性拟合（$W=A+Bx$），线性方程分别为

$$W_b=-3.62+28.78x \tag{5.2.1}$$

$$W_t=3.44+10.7x \tag{5.2.2}$$

式中　W_b ——在基础溶液中得到的膜层失重量；

W_t ——在含有钛酸盐的溶液中得到的膜层失重量；

x ——磨损循环次数。

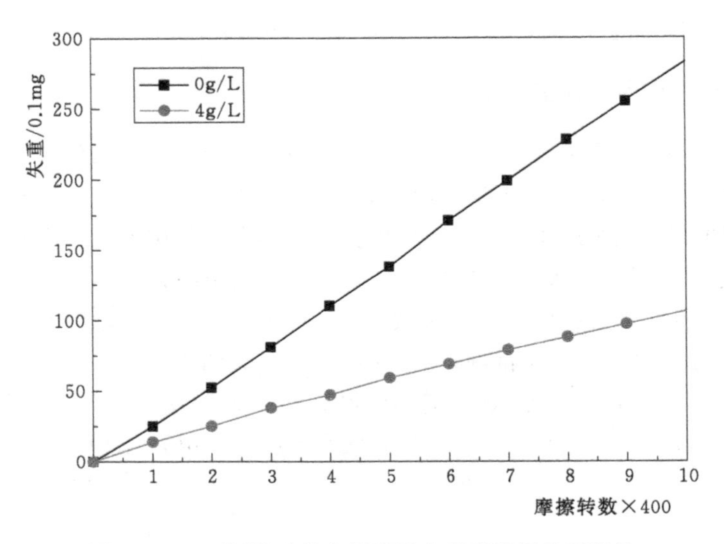

图 5.2.9　不同钛酸盐含量溶液中得到膜层的耐磨性

其中一次项系数表示膜层失重量的增加速度。由式（5.2.1）和式（5.2.2）知，基础溶液中得到的膜层的失重量增加速度（一次项系数 28.78）明显大于含有钛酸盐的溶液中得到膜层的失重速度（一次项系数为 10.70），即在含有钛酸盐的溶液中得到的膜层失重速度更小。微弧氧化基础溶液中钛酸盐的加入使膜层的耐磨性增加，相对基础溶液提高了 1.7 倍左右。

5.2.6　钛酸盐对膜层的耐腐蚀性的影响

图 5.2.10 所示为在基础溶液和含有 4g/L 的钛酸盐的溶液中分别经过 60min 和 32min 氧化处理得到的氧化膜（两种氧化膜的平均厚度均为 55μm 左右）在 3.5wt.% NaCl 溶液中的动电位极化曲线。采用外延法计算出了试样的腐蚀电流密度，并将腐蚀电位与腐蚀电流密度值列于表 5.2.2 中。

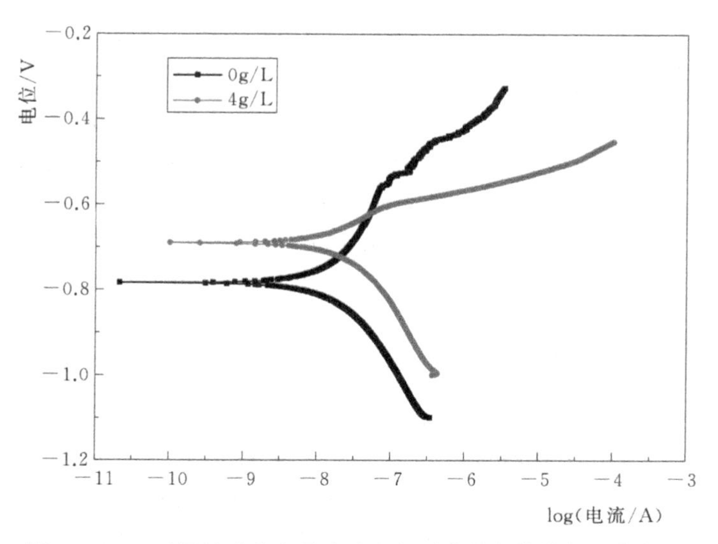

图 5.2.10 不同钛酸盐含量溶液中得到膜层的塔菲尔极化曲线

表 5.2.2 不同溶液中得到膜层的极化曲线测试的电化学参数

试样	E_{corr}/V	i_{corr}/(mA/cm^2)
基础溶液	−0.784	1.71×10^{-8}
含有 4g/L 钛酸盐溶液	−0.690	8.69×10^{-9}

腐蚀电位越正、腐蚀电流密度越小，则膜层的耐腐蚀性能越好。由图 5.2.10 和表 5.2.2 可知，和基础溶液中得到的膜层相比，在含有钛酸盐的溶液中得到的膜层腐蚀电位提高了 94mV，电流密度降低了 1.9 倍。这在一定程度上说明了在含有钛酸盐的溶液中得到的膜层具有更好的耐腐蚀性能。考虑到实验误差的存在，以上结果并不能很充分地表现出耐腐蚀性的差异。

为了得到更多的关于膜层耐腐蚀性能的结果，采用交流阻抗对膜层的耐腐蚀性做进一步的评价。图 5.2.11 所示为不同膜层在 3.5wt.% NaCl 中的奈奎斯特谱图。从图中可以

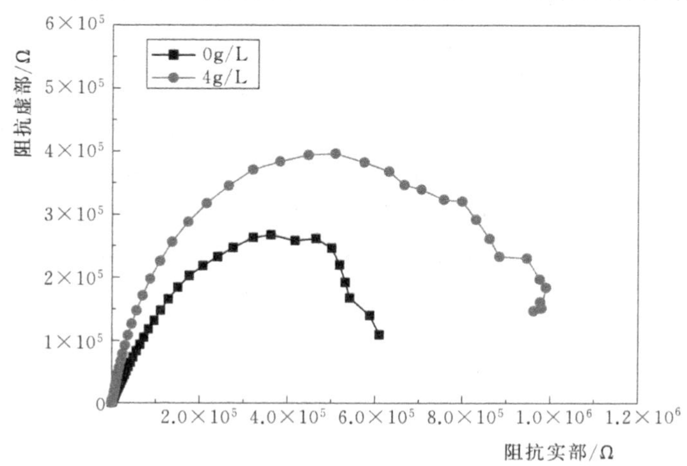

图 5.2.11 不同钛酸盐含量溶液中得到膜层的奈奎斯特谱图

看出，两种膜层的电化学阻抗谱均为一个容抗弧。容抗弧的直径的大小表示膜层极化阻抗值的大小。在基础溶液中得到氧化膜的阻抗值为 $6.1\times10^5\Omega\cdot cm^2$，在含有钛酸盐的溶液中得到的氧化膜的阻抗值为 $9.9\times10^5\Omega\cdot cm^2$。这说明在含有钛酸盐的溶液中得到微弧氧化膜具有更好的耐腐蚀性能。微弧氧化膜的耐腐蚀性和膜层形貌、致密度、厚度以及成分有关[4,110,186]。从图 5.2.10 和图 5.2.11 中可以看出，在含有钛酸盐的溶液中得到的膜层更加均匀，相应地也就可以减少 Cl^- 离子对膜层的侵蚀。因此，在含有钛酸盐的溶液中得到的微弧氧化膜具有更好的耐腐蚀性。

5.2.7　含有钛酸盐溶液的稳定性

在基础溶液中得到的微弧氧化膜为灰色，加入钛酸盐后得到的膜层为黑色，这说明溶液中的钛酸盐是导致膜层变色的原因。但是，溶液中的钛酸盐是怎样进入微弧氧化膜中的？通常情况下，在碱性溶液中 Ti^{4+} 为和 OH^- 发生反应产生 $Ti(OH)_4$ 沉淀，而在试验中所采用的微弧溶液中没有沉淀出现。推断在含钛酸盐的溶液中发生了以下的反应，即

$$H^+ + OH^- \longrightarrow H_2O \tag{5.2.3}$$

$$K_2TiF_6 \longrightarrow 2K^+ + TiF_6^{2-} \tag{5.2.4}$$

$$TiF_6^{2-} \Leftrightarrow Ti^{4+} + 6F^- \tag{5.2.5}$$

Ti^{4+} 离子非常活跃，在水溶液中容易发生水解反应，产生 $Ti(OH)_4$ 溶胶粒子[158]，即

$$Ti^{4+} + 3H_2O \Leftrightarrow Ti(OH)_{4(colloid)} + 4H^+ \tag{5.2.6}$$

但是由于溶液有三乙醇胺，能和 Ti^{4+} 形成 Ti－TEA 络合物而起到稳定 Ti^{4+} 的作用[159]，即

$$Ti^{4+} + 2N(C_2H_4OH)_3 \longrightarrow HO_2H_4N\begin{matrix} C_2H_4O \\ \diagup \quad \diagdown \\ \diagdown \quad \diagup \\ C_2H_4O \end{matrix}Ti\begin{matrix} C_2H_4O \\ \diagup \quad \diagdown \\ \diagdown \quad \diagup \\ C_2H_4O \end{matrix}N-C_2H_4OH \tag{5.2.7}$$

另外，三乙醇胺也会发生以下的水解反应，即

$$N(C_2H_5O)_3 + H_2O \Leftrightarrow ^+HN(C_2H_5O)_3 + OH^- \tag{5.2.8}$$

溶液中的三乙醇胺的水解提高 pH 值，促进 $Ti(OH)_4$ 的形核，另外吸附于晶核的表面阻碍其长大。溶液中还大量存在另一种络合性阴离子 $P_6O_{18}^{6-}$。研究表明对于大多数的溶液而言，当其中多聚磷酸盐与金属阳离子的摩尔比大于 1 时溶液是透明的[177]。在试验中采用的微弧氧化溶液中，$P_6O_{18}^{6-}$ 和 Ti^{4+} 的摩尔比例大于 3。另外，溶液中的 $P_6O_{18}^{6-}$ 也起到表面活性剂的作用，吸附于 $Ti(OH)_4$ 胶体粒子的表面，阻碍其团聚而出现沉淀。由于三乙醇胺和六偏磷酸钠的协同作用，在含有钛酸盐的碱性溶液中没有沉淀的出现。实验也发现，去掉两者之间的任意一种，溶液中都会有沉淀相出现。这也说明在溶液中这两种组分都是不可或缺的。

图 5.2.12 所示为不同溶液中粒子直径和分布的动态光散射结果。从图中可以看出，在基础溶液中，有大约 76％的粒子直径在 140nm 左右，24％的粒子的直径在 0nm 左右。在含有钛酸盐的溶液中，有大约 77％的粒子直径在 560nm 左右，23％的粒子直径在 140nm 左右。微弧氧化溶液中钛酸盐的加入使粒子的平均粒径增加，这是由于水解产生

了 $Ti(OH)_4$ 溶胶粒子的缘故。含有钛酸盐的溶液中粒子直径的分散性更大，这是因为形成的 $Ti(OH)_4$ 溶胶粒子大小不一，并且表面吸附有三乙醇胺和 $P_6O_{18}^{6-}$ 以及阳离子形成双电层结构。

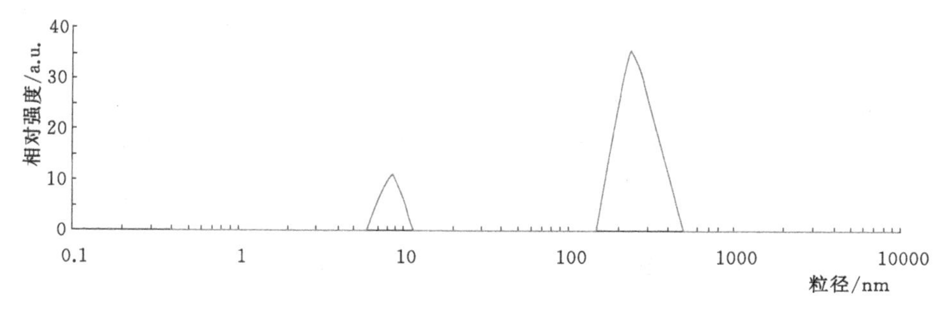

图 5.2.12 不同溶液中粒子和粒径的动态光散射

5.3 原位溶胶粒子参与成膜过程

以钛溶胶为例，分析预制溶胶粒子和原位水解溶胶对微弧氧化过程及膜层结构、性能等影响的差异。从钛元素在膜层中的分布看（图 4.2.6 和图 5.2.7），原位水解产生的溶胶粒子参与成膜的过程和预先制备好的溶胶参与成膜的过程相同。但是膜层的组成、结构及性能方面存在明显的差异。以钛溶胶为例，表 5.2.3 为在含有 6vol.%钛溶胶和 4g/L 钛酸盐的溶液中制备膜层的对比。

表 5.2.3 溶胶粒子对膜层的影响

溶液	成膜速度 /(μm/min)	Ti 含量 /at. %	相组成	耐磨性 /(mg/400n)
预制溶胶	2.0	10.7	非晶、$AlPO_4$、Al_2TiO_5、$\gamma-Al_2O_3$、TiO	11.7
原位水解	1.7	6.3	非晶、$\gamma-Al_2O_3$、$\alpha-Al_2O_3$	10.7

从表 5.2.3 中看，在添加预制溶胶的微弧氧化溶液中，氧化成膜的速度更快，并且膜层表面 Ti 的含量更高。这是因为溶液中加入的钛酸盐量受到限制，使原位水解的钛溶胶粒子数量（Ti 浓度为 0.017mol/L）少于加入的预制溶胶（Ti 浓度为 0.034mol/L），相应地参与氧化成膜的溶胶粒子数量就少，这就导致在含有原位水解溶胶的溶液中膜层的成膜速度低，Ti 含量少。

就相组成而言，两者的差异一方面是因为溶胶粒子含量的不同，另一方面是由于 F^- 的影响。溶胶粒子含量的差异导致在含有预制溶胶的溶液中得到的膜层中含有 Al_2TiO_5 相和 TiO 相，产生原位水解溶胶溶液中与 Ti 有关的相在 XRD 图谱上没有显示。另外，在含有原位水解溶胶的溶液中得到的微弧氧化膜中有 $\alpha-Al_2O_3$ 的存在，这是因为溶液中 F^- 离子的存在。微弧氧化过程中，F^- 在电场力的作用下会向阳极迁移，而 F^- 和 Al^{3+} 易于形成络合物，在 F^- 的电荷力作用下进入溶液中的 Al^{3+} 会重新进入膜层中，与溶液中的 OH^- 反应形成熔融的 Al_2O_3，凝固之后形成 $\gamma-Al_2O_3$ 或 $\alpha-Al_2O_3$。膜层内部和外部冷却速度的差异，导致膜层中 $\gamma-Al_2O_3$ 和 $\alpha-Al_2O_3$ 分布的差异。膜层外部和温度较低的溶液接触，冷却速度大，形成 $\gamma-Al_2O_3$；相应的内部冷却速度低，形成 $\alpha-Al_2O_3$。微弧氧化溶液中 F^- 的作用下，进入膜层中的 Al^{3+} 含量增加，使膜层的致密性增加。膜层致密性增加，就会减小溶液对膜层内部熔融 Al_2O_3 的淬冷作用，使膜层内部的冷却速度降低，增加了 $\alpha-Al_2O_3$ 的含量。

微弧氧化膜的耐磨性除了和硬度有关外，还与膜层的厚度、致密性和粗糙度有关。在含有原位生成溶胶粒子的溶液中制备的微弧氧化膜中 $\alpha-Al_2O_3$ 的含量更高，而且表面更为均匀，这就使其表现出更好的耐磨性。

5.4　本　章　小　结

（1）铝合金微弧氧化溶液中锆酸盐的加入，使溶液的电导率增加、pH 值降低；在 0～6g/L 的范围内，随着锆酸盐加入量的增加，临界起弧电压和终止电压降低，微弧氧化初期电压的增长速度增加；在 0～6g/L 的范围内，随着锆酸盐加入量的增加，膜层的厚度增加；锆酸盐的含量为 6.0g/L 时，膜层厚度最大，微观形貌也显示膜层均匀致密，膜层为 $\gamma-Al_2O_3/t-ZrO_2$ 纳米复合结构；随着锆酸盐加入量的增加，膜层的耐磨性增加，6g/L 时膜层相对于磷酸盐的基础溶液而言，膜层的耐磨性提高了 2 倍。将铝合金在含有 6g/L 锆酸盐的溶液中进行微弧氧化处理后，其抗拉强度降低，并且随着膜层厚度的增加，降低的幅度增大；同样微弧氧化处理后基材的疲劳性能也会降低。

（2）随着铝合金微弧氧化溶液中钛酸盐加入量的增加，溶液的电导率增加，pH 值降低；微弧氧化初始阶段的电压增长速度增加，临界起弧电压降低；钛酸盐加入量在 0～4g/L 的范围内，随着钛酸盐加入量的增加，得到的膜层由灰色转变为黑色，并且颜色逐渐加深。

（3）以基础溶液和含有 4g/L 钛酸盐的溶液对比，在含有钛酸盐的溶液中氧化膜的生长速度更快，并且均匀性明显好于基础溶液；钛酸盐的加入使微弧氧化膜中检测到 Ti 元素，并且膜层中 $\alpha-Al_2O_3$ 的含量增加；含有钛酸盐的溶液中得到的微弧氧化膜的耐磨性相对于基础溶液提高了近 1.7 倍，并且氧化膜具有更好的耐腐蚀性。

（4）碱性条件下，含有锆酸盐和钛酸盐能够稳定的原因是溶液中的三乙醇胺和六偏磷酸钠的协同作用，它们一方面控制了 Zr^{4+} 和 Ti^{4+} 粒子的水解，另一方面吸附于水解产生 $Zr(OH)_4$ 和 $Ti(OH)_4$ 粒子表面，防止其团聚而出现沉淀。在微弧氧化的过程中，$Zr(OH)_4$ 和 $Ti(OH)_4$ 粒子进入放电火花形成的放电通道内，参与成膜反应，进入膜层中，使膜层的形貌、结构及性能发生改变。

第6章 原位钛溶胶粒子对镁合金微弧氧化的影响

镁及镁合金具有质轻、比强度高、易铸造、减振、导电导热、电磁屏蔽性能优良、可回收利用等特点，在航空航天、汽车工业、电子工业等方面有着巨大的应用前景，被认为是21世纪最具开发和应用潜力的“绿色材料”。然而，镁合金的高化学活性及不耐腐蚀性大大制约了其应用。采用表面处理技术在镁合金表面制备耐腐蚀性的膜层是一种广泛采用的提高镁合金耐腐蚀性的方法[187]。微弧氧化能够在镁合金表面制备与基体以冶金的形式结合的、致密的、高硬度的微弧氧化膜，并且微弧氧化膜层能够显著地提高镁合金的耐腐蚀性[1]。微弧氧化膜的性能取决于基体的成分、溶液的组成以及氧化过程中采用的工艺参数[63]。研究发现，镁合金表面的微弧氧化膜主要由MgO以及来自于溶液的组分组成，如Mg_2SiO_4、MgF_2、$Mg_3(PO_4)_2$、$MgAl_2O_4$、ZrO_2或TiO_2等组成[48,52-54,188,189]。在潮湿或酸性环境中，MgO会吸水、溶解，导致膜层不能对基体进行长久有效的保护。微弧氧化溶液的组分对微弧氧化膜的构成及耐腐蚀性有很大的影响，并且溶液中加入某些少量的改性组分后如丙三醇[100]、铝溶胶[47]、钛溶胶[136]、硅溶胶[132]、Na_2WO_4[190,191]、KF[192]、$NaAlO_2$[193]等，制备出的膜层的耐腐蚀性能会大大改善。因此，研究新型镁合金的微弧氧化溶液以及添加剂，制备稳定性更好的微弧氧化膜是目前微弧氧化技术研究的热点之一。

对铝合金的微弧氧化研究发现，含有钛酸盐和锆酸盐的微弧氧化溶液，能够通过各组分之间的作用在溶液中的原位水解产生TiO_2和ZrO_2的胶体粒子，并且在后续的微弧氧化过程中能够参与成膜，改善膜层的结构和性能。在第5章的基础上，采用适合于镁合金微弧氧化的磷酸盐溶液，其主要组成为6g/L的$(NaPO_3)_6$、3g/L的NaOH、10mL/L的TEA。在基础溶液中加入可溶性的钛酸盐，通过溶液各组分之间的反应，原位水解产生溶胶粒子。

6.1 钛酸盐含量的影响

在基础溶液中加入不同量的钛酸盐对AZ91D镁合金进行微弧氧化处理，研究其含量对微弧氧化成膜过程及氧化膜厚度、形貌、结构及性能的影响。氧化过程中采用恒流控制方式，实验过程中保持电流密度（有效值）为$3A/dm^2$不变，频率为200Hz，占空比为15%。

6.1.1 钛酸盐对溶液的影响

图6.1.1所示为微弧氧化溶液电导率和pH值随钛酸盐含量的变化。从图中可以看出，随钛酸盐含量的增加，溶液的pH值减小；电导率则呈先减小而后又增加的变化趋

势。钛酸盐在溶液中发生水解反应，产生的离子增加电导率。水解产生的 Ti^{4+} 和 OH^- 反应生成 $Ti(OH)_4$ 胶体粒子，使溶液的 pH 值降低；由于 $Ti(OH)_4$ 胶体粒子具有双电层结构，粒子表面吸附 $P_6O_{18}^{6-}$，外部吸附 Na^+ 离子，减少溶液中的自由离子数量，这会降低电导率。也就是说，钛酸盐对电导率的影响是两方面的作用，一方面增加电导率，另一方面降低电导率，两者的协同作用就使电导率呈现了先减小后增加的变化。

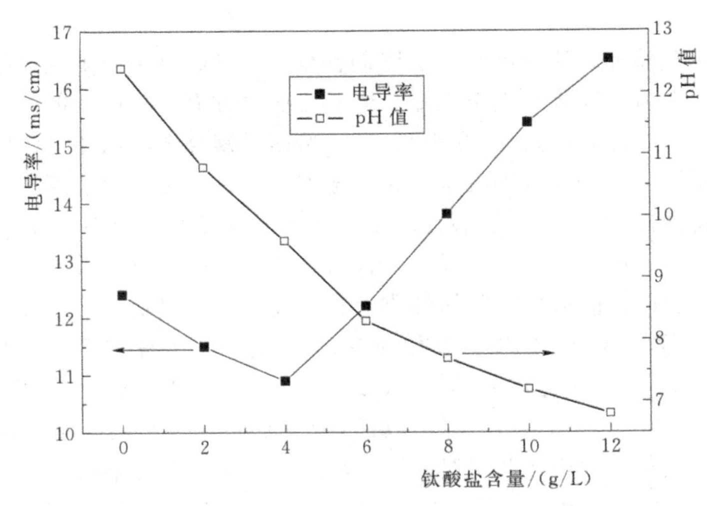

图 6.1.1　钛酸盐含量对镁合金微弧氧化溶液电导率和 pH 值的影响

6.1.2　钛酸盐对氧化过程中时间-电压的影响

利用微弧氧化过程中电压随时间的变化规律，研究溶液中钛酸盐含量对微弧氧化过程的影响。图 6.1.2 所示为含有不同量的钛酸盐的溶液中氧化处理过程中电压随时间的变化曲线。表 6.1.1 为从图 6.1.2 中含有不同量的钛酸盐溶液的临界击穿电压和终

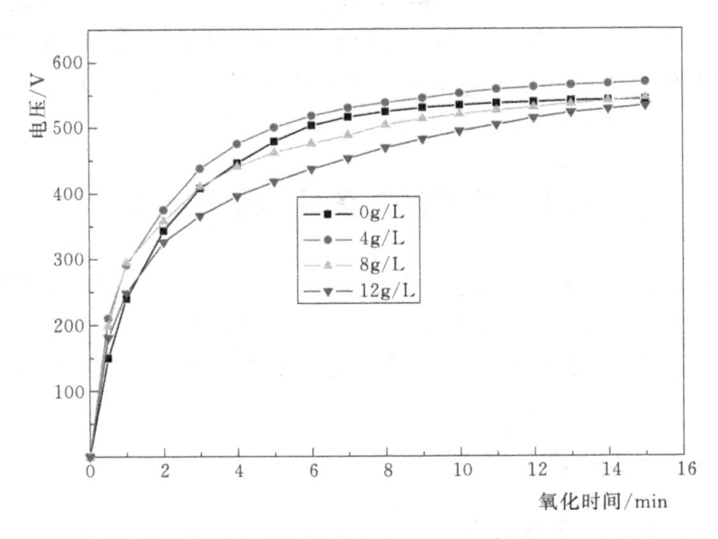

图 6.1.2　不同钛酸盐含量的溶液中电压随时间变化（$I=3A/dm^2$）

止电压。可以看出，随着钛酸盐加入量的增加，溶液电导率先降低后增加，临界击穿也呈电压先增加后降低的变化。临界击穿电压受溶液电导率和阳极/溶液界面所形成化合物熔点大小两个因素的影响。溶液电导率越高，临界击穿电压就越低。溶液中钛酸盐含量的增加，电导率呈先降低而后增加的变化。溶液中钛酸盐的加入，其参与氧化成膜，使膜层中出现 TiO_2 相。作为一种半导体相，TiO_2 的出现会使施加膜层的临界击穿电压降低。另外，由于临界击穿电压也是界面化合物熔点的影响，相对于 MgO 的熔点（大约 2800℃）而言，TiO_2（1840℃）的熔点更低。在以上各种因素的综合作用下，溶液中钛酸盐的加入使临界击穿电压呈先升高而后降低的变化趋势。经过 15min 氧化处理后，终止电压却是先增加而后减小。这是因为终止电压的大小不仅和溶液的电导率有关，也和终止时膜层的厚度有关。膜层的厚度越大，火花放电需要的电压也就越高。从图 6.1.2 中可以看出，在不同的溶液中，电压随时间的变化规律有明显的差异。钛酸盐的加入使得微弧氧化初期电压的增加速度明显提高，这是因为由于钛酸盐的加入在溶液中引入了 F^- 离子，能够加速镁合金表面绝缘膜的形成速度，减少阳极的溶解。研究结果表明，击穿电压的大小钛酸盐还使微弧氧化终止电压出现先增加后减小的变化趋势。

表 6.1.1　　不同钛酸盐含量溶液中临界击穿电压和终止电压

钛酸盐含量/(g/L)	0	4	8	12
临界击穿电压/V	220	240	200	180
终止电压/V	545	569	545	524

6.1.3 钛酸盐对氧化膜厚度的影响

图 6.1.3 所示为微弧氧化溶液中钛酸盐含量对镁合金氧化膜厚度的影响。从图中可以

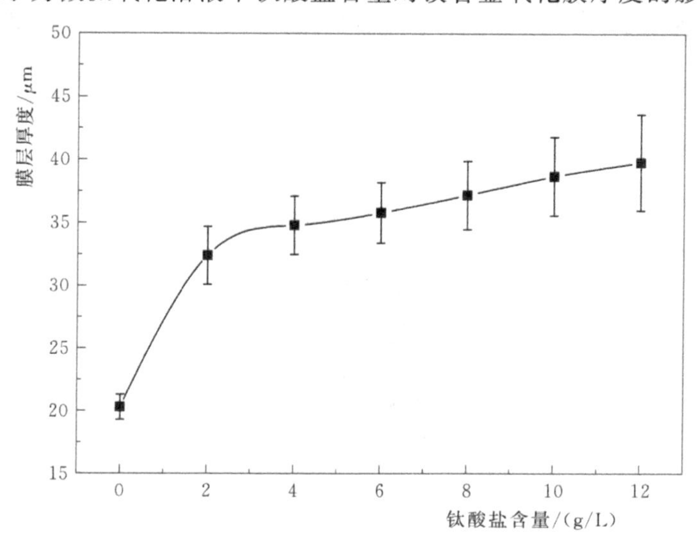

图 6.1.3　镁合金微弧氧化膜厚度随溶液中钛酸盐含量的变化（$I=3A/dm^2$，15min）

看出，在电参数和氧化时间不变化的情况下，钛酸盐的加入能够使氧化膜厚度明显增加。在基础溶液中，经过 15min 氧化处理得到的膜层的厚度大约为 20μm，加入 2g/L 的钛酸盐后，膜层的厚度增加至大约 32μm。之后随着钛酸盐含量的进一步增加，膜层的厚度呈缓慢增加趋势，钛酸盐含量为 12g/L 时膜层厚度约为 40μm。由于膜层的厚度增加，相应地其表面的不均匀性也增加，这是由微弧氧化的成膜特点所决定的。

图 6.1.4 所示为在含有不同量钛酸盐的溶液中得到的微弧氧化膜的宏观形貌。可以看出，溶液中钛酸盐的加入，不仅使膜层的厚度发生了变化，对膜层的颜色更是有着明显的改变。基础溶液中得到的膜层为灰色，随着钛酸盐的加入量的增加，膜层的颜色呈灰黑色、蓝黑色、黑灰色的变化。

(a)0g/L　(b)2g/L　(c)4g/L

(a)6g/L　(b)8g/L　(c)10g/L

(e)12g/L

图 6.1.4　含有不同量钛酸盐的溶液中得到氧化膜的宏观照片

6.1.4 钛酸盐对氧化膜形貌及成分的影响

图 6.1.5 所示为在含有不同量钛酸盐的溶液中对镁合金氧化处理 15min 得到膜层表面的微观形貌。从图中看，所有氧化膜表面都存在有大量的、大小不一的孔洞，这是微弧氧化过程中放电通道形成的。另外，膜层的表面还存在有颗粒状的凸起物。钛酸盐的加入使膜层的微观形貌发生了明显的变化，在钛酸盐的加入量为 0～8g/L 的范围内，随着其含量的增加，膜层表面的放电孔洞的直径逐渐变小。当溶液中钛酸盐含量超过 8g/L 后，其表面放电孔洞的尺寸又逐渐增大。对比图 6.1.5（d）、（e），可以很明显地发现它们之间放电孔洞大小的差异，另外表面的颗粒状附着物也有明显的增大，如图 6.1.5（d）、（f）所示。

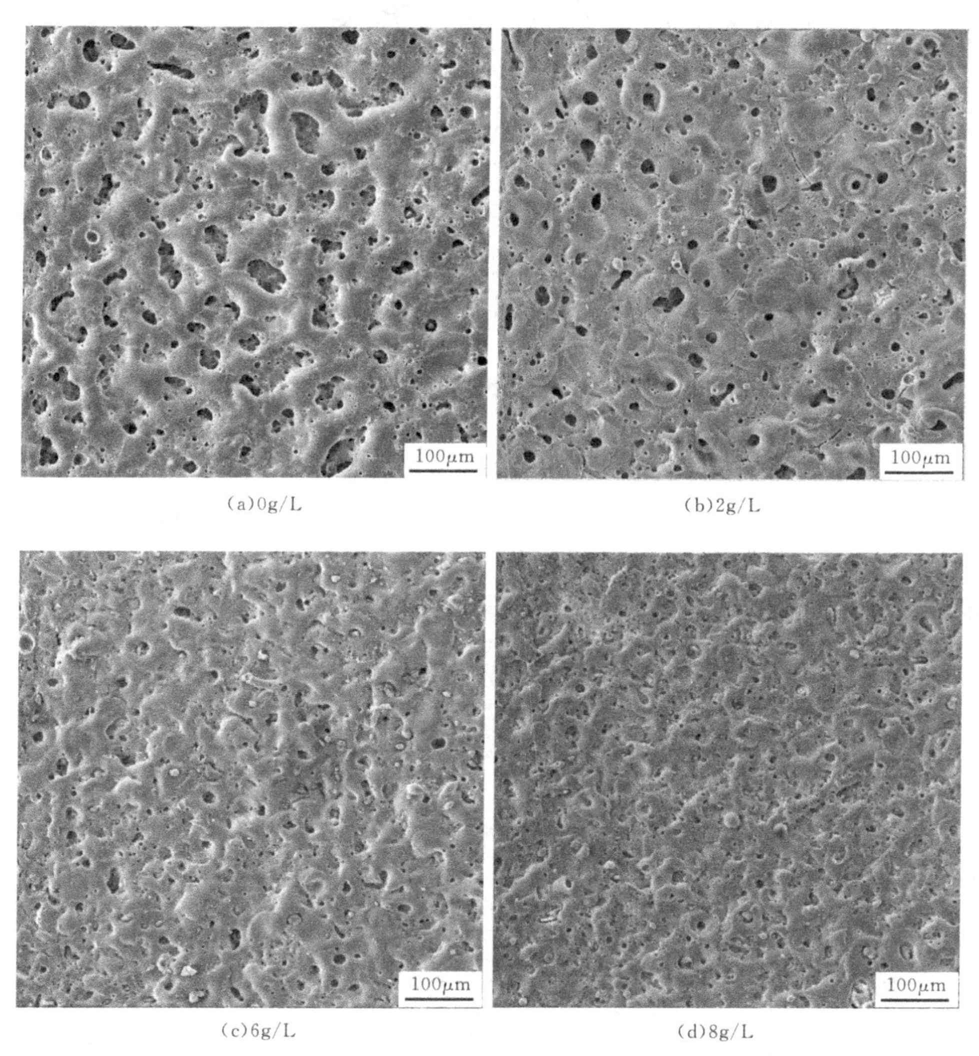

(a)0g/L (b)2g/L

(c)6g/L (d)8g/L

图 6.1.5（一） 不同钛酸盐含量的溶液中得到氧化膜的微观形貌
（$I=3A/dm^2$，15min）

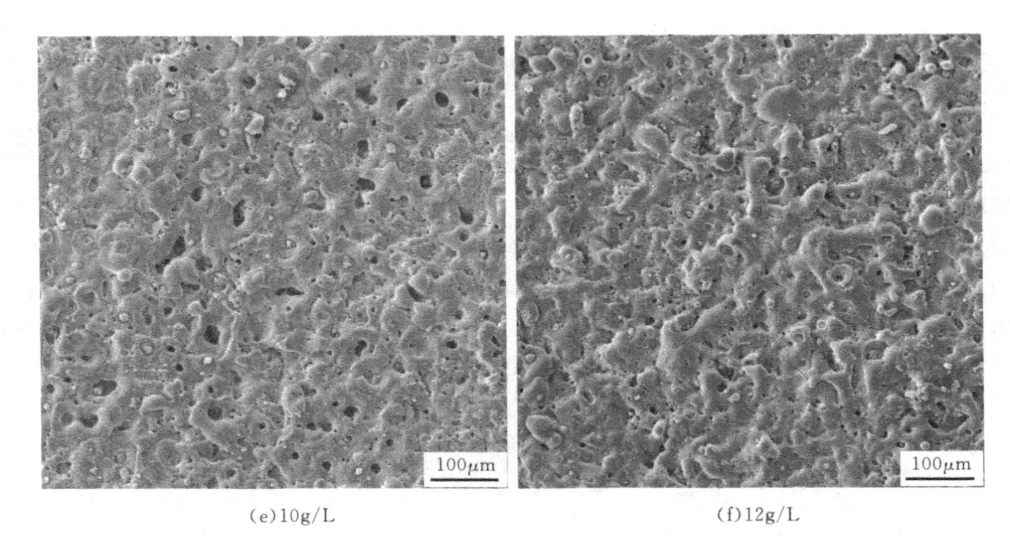

(e)10g/L　　(f)12g/L

图 6.1.5（二）　不同钛酸盐含量的溶液中得到氧化膜的微观形貌
（$I=3A/dm^2$，15min）

表 6.1.2 为不同钛酸盐含量的溶液中得到膜层表面的元素含量。图 6.1.6 所示为根据表 6.1.2 得出的氧化膜表面各元素随溶液中钛酸盐含量变化的规律。从图中可以更加清楚地看出各元素含量的变化规律：O 元素随着溶液中钛酸盐含量的增加，先增加而后又降低，在含量为 4～8g/L 的范围内其含量最高；Mg 元素的含量呈现先减小而后增加的变化趋势；P 元素的变化趋势非常明显，其随着钛酸盐含量的增加而减少；Ti 元素的含量最初呈逐步增加的趋势，在钛酸盐含量达到 8g/L 之后，Ti 的含量又有降低的趋势；Al 元素的含量呈现先增加而后减小的趋势，但其含量远低于基体中 Al 的含量（大约 8at.%）；Na 元素的含量呈先降低后增加的趋势，在钛酸盐含量为 8g/L 时其含量最低；F 和 K 的含量随着钛酸盐的含量增加而呈增加的趋势。

表 6.1.2　不同溶液中制备膜层的表面成分

钛酸盐含量/(g/L)	组成元素							
	O/at.%	P/at.%	Mg/at.%	Ti/at.%	Al/at.%	Na/at.%	F/at.%	K/at.%
0	29.7	29.7	34.2	—	2.8	3.4	—	—
2	33.0	25.3	33.4	3.6	2.8	2.5	—	0.4
4	34.9	21.4	31.8	5.2	3.5	2.2	0.7	0.4
6	35.2	16.2	29.8	8.9	4.4	2.2	2.7	0.6
8	35.3	12.2	31.2	12.6	4.5	1.7	1.8	0.7
10	29.3	13.0	33.1	12.4	2.3	3.3	4.5	2.1
12	27.3	11.1	31.6	11.1	1.8	4.6	9.6	3.0

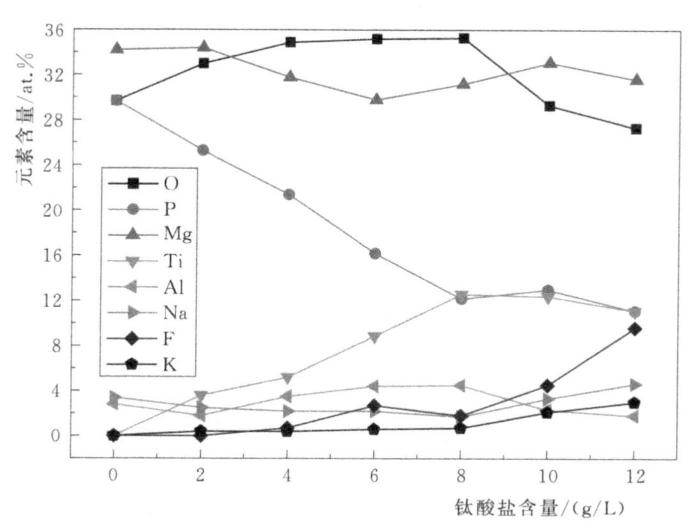

图 6.1.6 不同溶液中制备膜层的表面元素含量变化

由于钛酸盐含量的增加，溶液中 F^- 和 K^+ 离子数量增多，进入膜层中的数量必然增加。对于 Ti 元素来说，其在溶液中变化也存在同样的趋势，但是膜层 Ti 的含量却并非在钛酸盐含量最大时含量最高。这是因为 Ti^{4+} 在溶液中必然以络合物的形式存在，含量高时会发生络合物粒子的团聚长大。微弧氧化开始后，溶液中阴离子会在电场力的作用下在阳极表面附近形成富集层，这其中会包含带有负电荷的 Ti 的络合物、OH^-、$P_6O_{18}^{6-}$ 及 F^-。当外加电压超过临界电压后，就会出现微弧放电现象，同时在阳极表面形成放电通道。阳极表面的阴离子会在电场力以及吸附力作用下进入放电通道，与同时进入其中的基体和氧化膜的熔融物发生一系列的等离子物理、化学反应。Ti 粒子络合物的直径越大，其中电场力的作用下移动速度就会越慢，其进入放电通道内的竞争力就会越低。由于 F^- 离子直径较小，在电场作用下迁移速度更快，并且 F^- 能够和 Mg 反应生成 MgF_2。溶液中 F^- 离子数量的增加，会导致其他阴离子（$P_6O_{18}^{6-}$）参与成膜反应的概率降低，所以钛酸盐含量为 12g/L 时膜层表面 Ti 和 P 的含量较钛酸盐含量少时降低而 F 的含量增加。

6.1.5 钛酸盐对氧化膜结构的影响

图 6.1.7 所示为在不同钛酸盐含量的溶液中得到的微弧氧化膜的 XRD 图谱。从图中可以看出，微弧氧化溶液成分的差异使膜层的结构有了明显的区别。在不含钛酸盐的基础溶液中，膜层的主要构成为 MgO、少量的 $MgAl_2O_4$ 以及非晶相。溶液中加入钛酸盐的量小于 4g/L 时，所得到的膜层中没有出现新的衍射峰，只是漫反射峰的特征更加明显，说明膜层中非晶相的含量增加；EDS 结果表明此时膜层中含有 Ti 元素，Ti 的化合物可能就是以非晶相的形式存在于膜层中；当钛酸盐含量为 6g/L 时，膜层中出现 Mg_2TiO_4、Mg_2PO_4F 以及 MgF_2 的衍射峰；钛酸盐含量达到 8g/L 后，膜层中又出现了锐钛矿 TiO_2 的衍射峰；之后再进一步提高溶液中钛酸盐的含量，没有新的相对应的衍射峰出现。

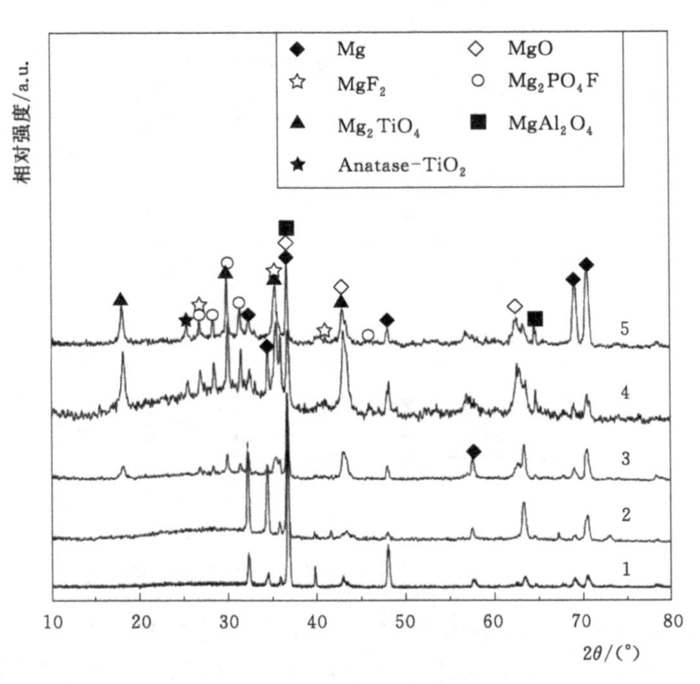

图 6.1.7 不同钛酸盐含量的溶液中得到氧化膜的 XRD 图谱

1—0g/L；2—2g/L；3—6g/L；4—8g/L；5—12g/L

6.1.6 钛酸盐对氧化膜耐腐蚀性的影响

对与镁合金的微弧氧化处理，最终目的是提高基体的耐腐蚀性能。溶液中钛酸盐的加入对成膜过程、氧化膜厚度、相组成及形貌的影响也会在膜层的耐腐蚀性上体现。图 6.1.8 所示为在基础溶液和含有 2g/L 钛酸盐溶液中制备的微弧氧化膜的奈奎斯特图谱。从图中可以看出，在两种溶液中得到的膜层的电化学阻抗谱均为一个容抗弧。容抗弧直径的大小表示膜层的极化阻抗值的大小：直径越大表示其极化阻抗值越大，说明膜层的耐腐

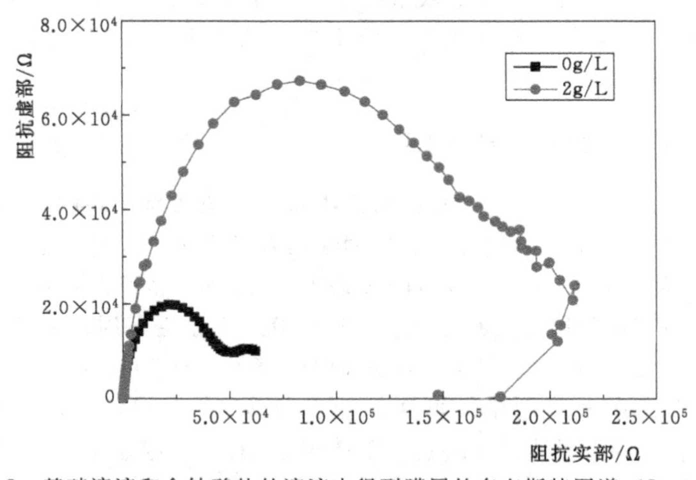

图 6.1.8 基础溶液和含钛酸盐的溶液中得到膜层的奈奎斯特图谱（$I=3A/dm^2$）

蚀性能越好。从图 6.1.8 中可以看出，在含有钛酸盐的溶液中制备的氧化膜的容抗弧更大，说明微弧氧化溶液中钛酸盐的加入提高了膜层的耐腐蚀性。

图 6.1.9 所示为根据微弧氧化膜的交流阻抗谱拟合出的等效电路图。在等效电路中，R_s 表示溶液电阻，R_c 表示微弧氧化膜的阻抗，$(CPE)_p$ 表示氧化膜的固定相元素，R_{ct} 表示电荷转移阻抗，C_{dI} 表示电容[48]。表 6.1.3 为等效电路中相关参数的具体数值。结合表 6.1.3 和图 6.1.9 看，在含有钛酸盐溶液中得到的微弧氧化膜的 R_c 值更高，进一步说明氧化膜的耐腐蚀性更好。

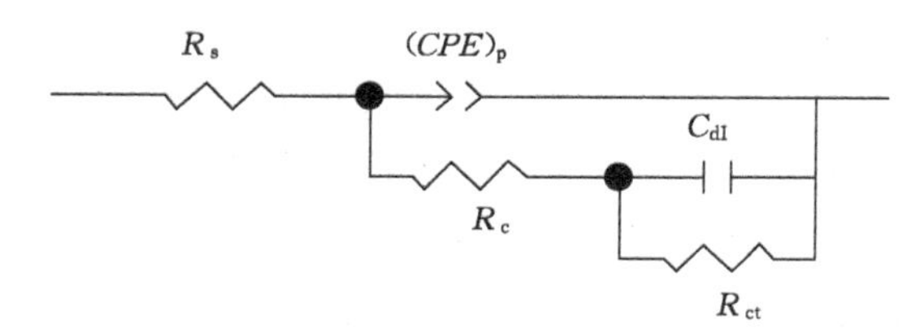

图 6.1.9 微弧氧化膜交流阻抗谱的等效电路（$I=3A/dm^2$）

表 6.1.3 **氧化膜交流阻抗谱等效电路参数**

钛酸盐含量	R_s /(Ω·cm²)	R_{ct} /(Ω·cm²)	C_{dI} /(μF/cm²)	R_c /(Ω·cm²)	CPE - T_c /(μF/cm²)	CPE - P_c /(μF/cm²)
0g/L	2.86	18090	30.46	47370	0.78	3.33
2g/L	7.24	273600	0.03	119200	0.28	1.54

图 6.1.10 所示为在含有不同量钛酸盐溶液中制备的微弧氧化膜的极化阻抗值。从图中可以看出，溶液中钛酸盐的加入使膜层的耐腐蚀性有了明显的提高，并且其加入量在 0～8g/L 的范围内，随着其含量的增加，膜层的耐腐蚀性增加。钛酸盐含量超过 8g/L 后，耐腐蚀性能有降低的趋势。溶液中钛酸盐的含量为 8g/L 时，制备的微弧氧化膜具有

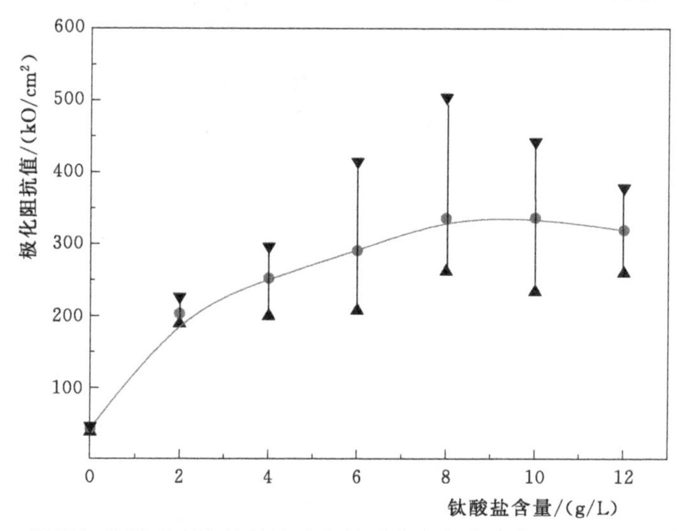

图 6.1.10 微弧氧化膜耐腐蚀性随溶液中钛酸盐含量的变化（$I=3A/dm^2$，15min）

更好的耐腐蚀性。对微弧氧化膜来说，其耐腐蚀性受膜层的厚度、成分、相组成、致密度以及表面缺陷（孔洞裂纹）等因素的影响。从图 6.1.3 看，随着钛酸盐的加入，膜层的厚度逐渐增加，一般说来膜层的厚度越大，对 Cl^- 等侵蚀性离子的阻碍作用就越大，对基体的保护性就越好，就这一作用来说，溶液中钛酸盐的加入起到了增强膜层耐腐蚀性的作用。膜层表面的孔洞和裂纹是膜层中较为薄弱的部位，相对而言这些部位对 Cl^- 离子的阻碍作用较小，有研究表明这些部位甚至会加速对基体的腐蚀。因此，氧化膜中孔洞、裂纹的数量越少，直径越小其对基体的保护作用也就越好。从图 6.1.5 看，在钛酸盐含量为 8g/L 的溶液中得到的膜层表面孔洞直径较小，相应地在膜层的耐腐蚀性方面就会有所体现。从图 6.1.7 看，不同条件下得到的膜层相组成及各相的相对含量也有一定的区别，这也是导致膜层之间耐腐蚀性出现差异的原因。在以上各因素的协同作用下，溶液中钛酸盐含量为 8g/L 时获得的微弧氧化膜具有最佳的耐蚀性。

6.1.7　原位水解溶胶粒子的粒径

在第 5 章中已经探讨了含有钛酸盐的溶液能够稳定存在的原因及原位产生 TiO_2 的胶体粒子的过程。虽然溶液中各组分浓度的变化对水解过程不会产生影响，但是对水解产生的 TiO_2 胶体粒子的粒径及分布会有影响。图 6.1.11 所示为基础溶液和含有 8g/L 钛酸盐的溶液中粒子直径和分布的动态光散射结果。从图中看，在基础溶液中，有大约 66％的粒子直径在 100nm 左右，34％的粒子的直径在 2nm 左右。在含有 8.0g/L 钛酸盐的溶液中，有大约 57％的粒子直径在 370nm 左右，35％的粒子直径在 2990nm 左右。另外，还有大约 8％的粒子直径在 40nm 左右。微弧氧化液中加入的钛酸盐发生水解导致其中出现粒径大小及分布的差异。另外，从图 6.1.11 中还可以看出，在含有钛酸盐的溶液中，透射光的强度较基础溶液要小很多，这是因为溶液中大量的 TiO_2 胶体粒子对光的吸收作用的缘故。从外观上看，含有 8g/L 钛酸盐的溶液虽然没有沉淀，但是其呈现乳白色半透明状，这也会增加对光的吸收。一般认为，在含有胶体粒子的溶液中，Zeta 电位的绝对值超过 30mV 时胶体粒子是能够稳定存在的。对含有 8g/L 钛酸盐溶液的 Zeta 电位为－29.7 mV，也说明该溶液具有很好的稳定性。另外，对含有钛酸盐的溶液进行静止实验，发现其超过两个月依然为乳白色半透明液体，也没有沉淀的出现，这也说明含有钛酸盐的溶液具有很好的稳定性。

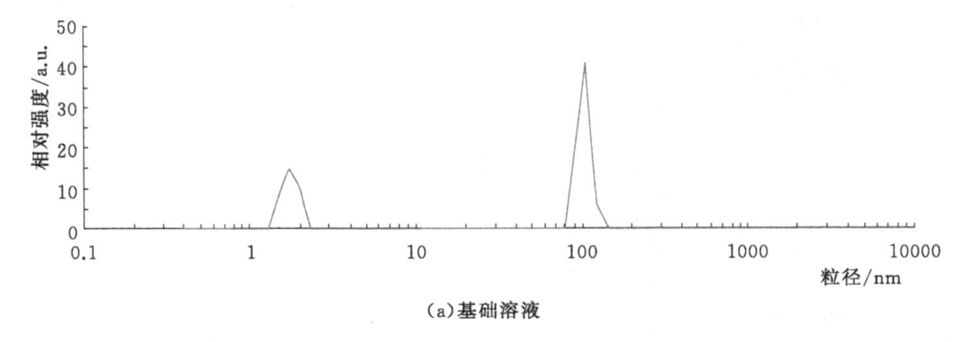

(a)基础溶液

图 6.1.11（一）　不同溶液中粒子和粒径的动态光散射

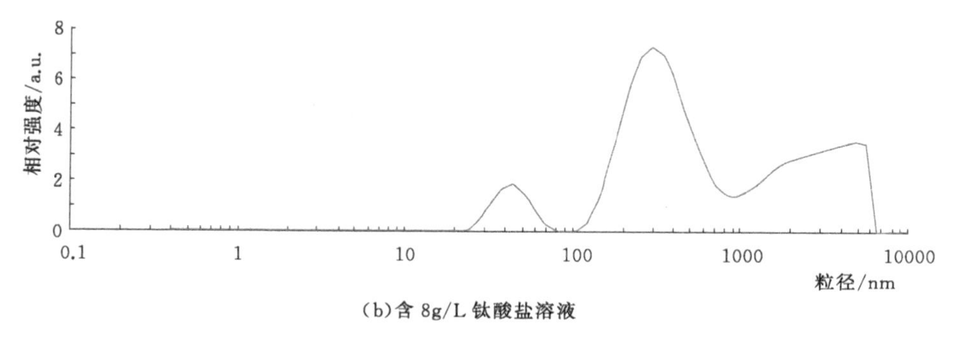

(b)含 8g/L 钛酸盐溶液

图 6.1.11（二） 不同溶液中粒子和粒径的动态光散射

负的 Zeta 电位表明溶液中产生的粒子表面吸附有负电荷，在微弧氧化开始后，在电场力的作用下，TiO_2 胶体粒子会在阳极表面吸附和聚集，加速镁合金表面氧化膜的形成。随着镁合金表面氧化膜厚度的增加，根据法拉第定律，外加电压也会不断增加。当外加电压超过氧化膜的临界击穿电压之后，氧化膜被击穿，出现火花放电现象，同时在氧化膜中形成放电通道。此时阳极表面的电场强度高达 10^6V/m，在强电场的作用下，带有负电荷的 TiO_2 胶体粒子和其他的阴离子会进入放电通道内。在放电通道内的高温高压作用下，溶液中的组分、基体以及之前形成的氧化膜发生一系列的物理、化学反应，之后在周围溶液的冷却作用下凝固在基体表面，形成微弧氧化膜。这就是膜层中包含有 Ti 元素以及其他来自于溶液元素的原因。膜层中含有 Na 和 K 的原因是由于带有负电荷的胶体粒子和阴离子基体不可避免地会吸附溶液中的 Na^+ 和 K^+ 离子，进入放电通道内，成为微弧氧化膜的组成元素。

6.2 原位钛溶胶的溶液中电流密度的影响

通过对溶液中钛酸盐含量的对微弧氧化膜耐腐蚀性的影响，得出其合适的含量为 8g/L。采用交流阻抗谱方法，分别研究了溶液中 $(NaPO_3)_6$ 和 NaOH 的含量对微弧氧化膜耐腐蚀性的影响。结果表明，溶液中 $(NaPO_3)_6$ 和 NaOH 的最佳含量分别为 8g/L 和 3g/L。镁合金表面微弧氧化膜的性能除了受溶液的组成影响之外，氧化过程中电流密度的大小对膜层组织结构、微观形貌及性能也有着重要的影响[194,195]。采用溶液组成为 8g/L 的钛酸盐、8g/L 的 $(NaPO_3)_6$、3g/L 的 NaOH 和 10mL/L 的 TEA，考察电流密度的大小对微弧氧化成膜过程、膜层结构、形貌以及性能的影响。实验过程中电流密度分别为 $3A/dm^2$、$6A/dm^2$ 和 $10A/dm^2$，频率为 200Hz，占空比为 15%，氧化处理时间为 15min。

6.2.1 电流密度对微弧氧化过程中时间—电压的影响

图 6.2.1 所示为在不同电流密度下电压随时间的变化曲线。从图 6.2.1 中可以看出，随着电流密度的增大，微弧氧化过程中电压的增长速度明显增加，这是因为随着电流密度的增加，镁合金表面微弧氧化膜的生长速度增加。膜层越厚，需要的击穿电压值也越大。

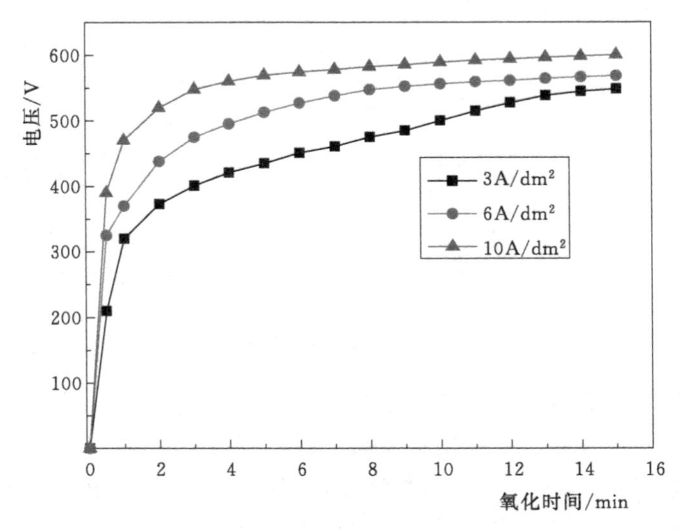

图 6.2.1　电流密度对电压-时间变化的影响

6.2.2　电流密度对膜层厚度的影响

图 6.2.2 所示为不同电流密度下得到的微弧氧化膜的厚度及表面均匀性。从图中可以看出，随着电流密度的增加，膜层厚度增加同时膜层的不均匀性增加。在微弧氧化过程中，当外加电压超过临界起弧电压后，最初形成的绝缘膜中相对较为薄弱的地方会被击穿，出现火花放电的现象，发生成膜反应，镁合金表面形成微弧氧化膜。随着电流密度的增加，膜层中能够击穿的部位面积增加，膜层的生长速度就会增加。随着厚度的增加，膜层中能够被击穿的地方减少，在这些地方会出现明显的凸起，导致膜层的不均匀性增加。

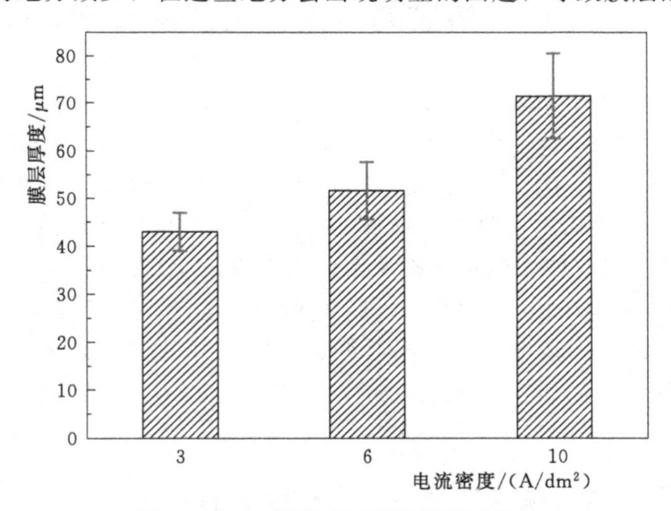

图 6.2.2　电流密度对膜层厚度的影响

6.2.3　电流密度对膜层微观形貌及成分的影响

电流密度的不同使膜层的微观形貌出现差异，图 6.2.3 所示为不同电流密度下得到的

膜层的表面微观形貌。电流密度为 3A/dm^2 时膜层表面有大量的孔洞，孔洞的直径最大为 20～25μm，同时膜层表面有大量的细小裂纹，如图 6.2.3（a）、（b）所示。当电流密度为 6A/dm^2 时，膜层表面的放电通道数量明显减少，直径在 20μm 的孔洞数量增加，最大孔洞的直径为 30～35μm。在图 6.2.3（c）中可以看到有大量明显的裂纹，裂纹的宽度大约为 5μm，较电流密度为 3A/dm^2 时更大。图 6.2.3（d）所示为电流密度为 10A/dm^2 时得到的膜层表面形貌，和电流密度为 6A/dm^2 时得到的膜层相比，表面直径大于 20μm 的孔洞的数量减少，但膜层表面最大的孔洞直径增加至 40μm 左右；膜层中的裂纹的宽度明显增加，最大裂纹的宽度甚至达到 10～15μm。如前所述，膜层表面的孔洞是微弧氧化过程中放电通道，其直径和数量随着电流密度的变化不难理解。膜层中的微裂纹是由于成膜反应中的熔融物在周围溶液的冷却作用下发生收缩而产生的。随着电流密度的增加，微弧氧化过程中微弧放电阶段单个放电火花的能量必然增加，产生的熔融物的数量也会更多，相应地其冷却之后的收缩量也会更多，所以膜层中的裂纹宽度必然也会更大。

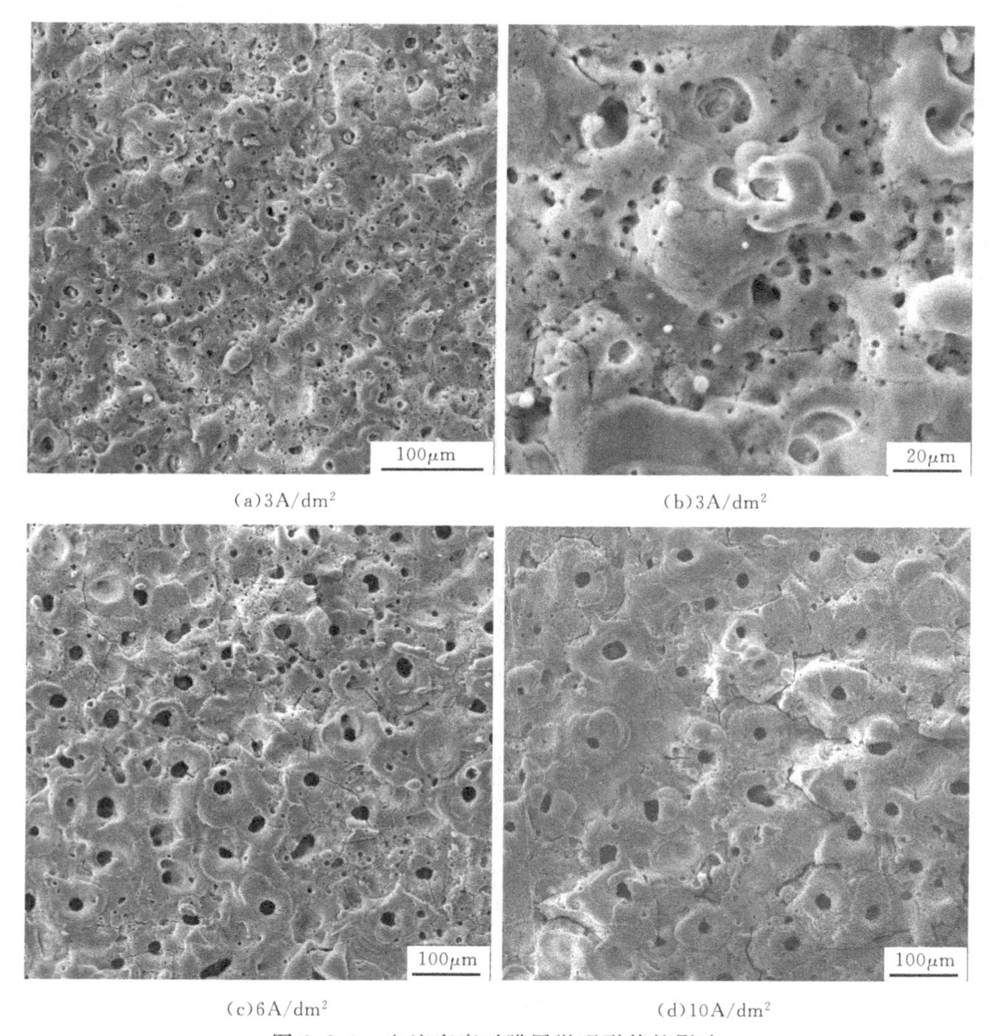

(a)3A/dm^2　(b)3A/dm^2　(c)6A/dm^2　(d)10A/dm^2

图 6.2.3　电流密度对膜层微观形貌的影响

表 6.2.1 为不同电流密度下得到膜层的表面成分。从表中看电流密度的差异并没有对膜层的组成元素产生明显的影响，说明在同一溶液中微弧氧化过程中参与成膜反应物质的区别不大。电流密度为 10A/dm² 时膜层表面的 Ti 元素含量略低于电流密度为 3A/dm² 和 6A/dm² 时，而 P 元素的含量略有增加，这在很大程度上可能是由于膜层厚度的差异产生的。

表 6.2.1　　不同电流密度下制备膜层的表面成分

电流密度/(A/dm²)	组成元素						
	O/at. %	P/at. %	Mg/at. %	Ti/at. %	Al/at. %	Na/at. %	K/at. %
3	35.9	12.6	34.3	14.7	4.4	1.7	0.8
6	35.8	12.9	29.0	14.6	4.0	1.8	0.9
10	36.9	14.7	30.6	11.9	3.2	2.0	0.7

6.2.4　电流密度对膜层结构的影响

图 6.2.4 所示为不同电流密度下得到的微弧氧化膜的 XRD 图谱。从图 6.2.4 中看 3 种情况下制备的膜层的主要构成物均为 MgO、Mg_2TiO_4 和 $Mg_3(PO_4)_2$。此外，还探测到 Mg 的峰，这是由于 X 射线穿透膜层照射到镁合金基体的原因。电流密度为 6A/dm² 时，膜层中 Mg_2TiO_4 峰的相对强度增加，表明其在膜层中的含量相对电流密度为 3A/dm² 时增加。当电流密度进一步增加至 10A/dm² 时，$Mg_3(PO_4)_2$ 所对应的衍射峰增多，并且强度增加，说明其在氧化膜中的相对含量增加。

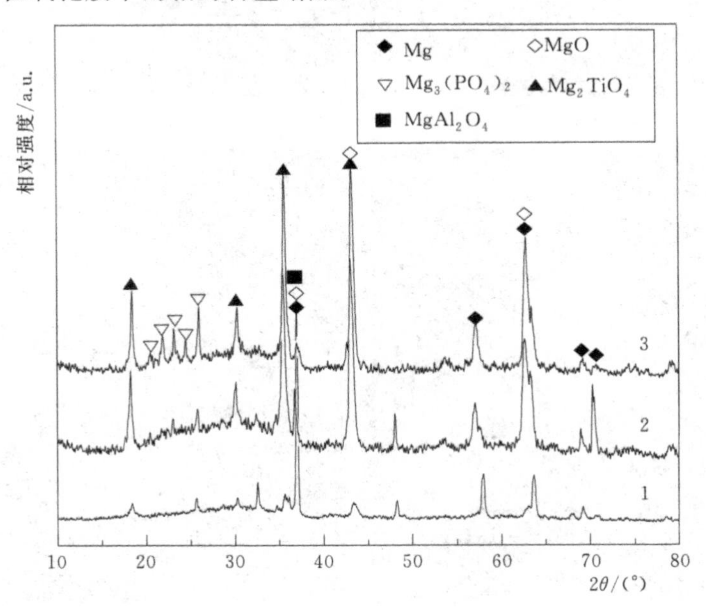

图 6.2.4　电流密度对膜层结构的影响

1—3A/dm²；2—6A/dm²；3—10A/dm²

6.2.5 电流密度对膜层耐腐蚀性的影响

图 6.2.5 所示为不同电流密度下得到的膜层的奈奎斯特图谱。从图 6.2.5 中可以看出，采用不同电流密度制备的微弧氧化膜层的电化学交流阻抗谱均表现为一个容抗弧的特征。就容抗弧而言，其直径的大小表示膜层极化阻抗值的大小，直径越大表示其极化阻抗值越大，说明膜层对 Cl^- 离子的阻碍能力越强，耐腐蚀性越好。在电流密度为 6A/dm^2 时制备的膜层的容抗弧直径最大，膜层的耐腐蚀性最好。

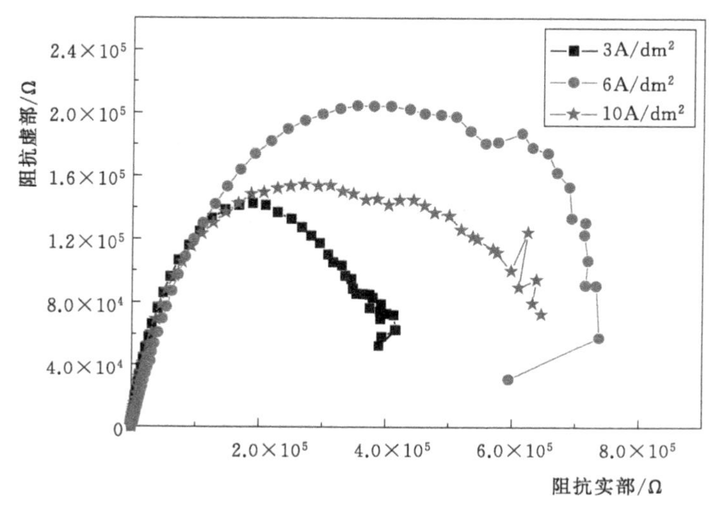

图 6.2.5 电流密度对膜层耐腐蚀性的影响

微弧氧化膜的耐腐蚀性与膜层的厚度、成分以及其中的缺陷（孔洞、裂纹）有关。电流密度的增加使膜层的厚度增加，这对提高膜层的耐腐蚀性能是有利的；同时膜层表面的放大孔洞、裂纹数量和宽度由于电流密度的增加而增加，而这些使膜层对基体的保护作用是有害的。综合这两方面的作用，电流密度为 6A/dm^2 时制备的微弧氧化膜的耐腐蚀性能最好。

采用盐雾试验对在 6A/dm^2 电流密度下经过 15min 氧化处理的试样进行耐腐蚀性测试，其盐雾试验可达 240h 出现轻微的腐蚀，图 6.2.6 所示为经过 240h 盐雾试验的试样宏观照片。

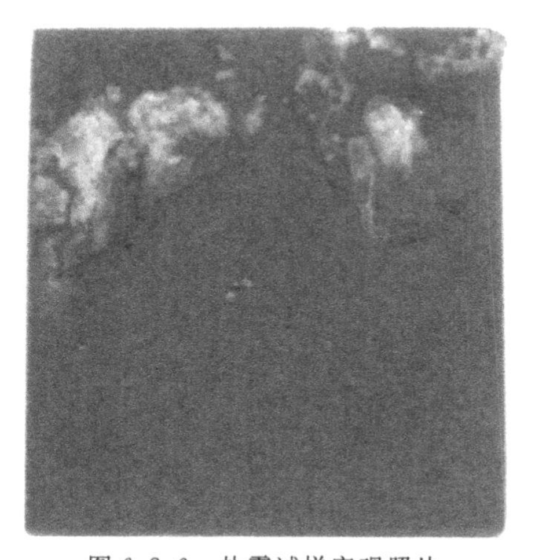

图 6.2.6 盐雾试样宏观照片

6.3 本 章 小 结

（1）镁合金微弧氧化溶液中加入不同量的钛酸盐，随着溶液中钛酸盐含量的增加，溶液的电导率增加，pH 值降低；膜层的厚度随着溶液中钛酸盐含量的增加而增加；钛酸盐的加入使膜层表面的放电孔洞的直径呈现先减小而后增加的趋势，在钛酸盐含量为 8g/L 的溶液中得到的膜层具有较好的均匀性；随着溶液中钛酸盐含量的增加，膜层中 O 和 Ti 含量先增加后降低，Mg 的含量呈现先减小而后增加的趋势，Al 和 P 的含量减少，K 和 F 的含量增加；在基础液中得到的膜层主要由 MgO 和非晶相组成，溶液中加入钛酸盐后，膜层中逐渐出现 Mg_2TiO_4、Mg_2PO_4F、MgF_2 以及锐钛矿 TiO_2 的衍射峰；耐腐蚀性测试表明，溶液中钛酸盐的加入能够明显提高膜层的耐腐蚀性，钛酸盐含量为 8g/L 时膜层表现出较好的耐腐蚀性。

（2）在溶液中的 $P_6O_{18}^{6-}$ 和 TEA 协同作用下，Ti^{4+} 离子以胶体粒子的形式存在，并且能够长时间保持稳定。

（3）在最佳组成为 8g/L 的钛酸盐、8g/L 的 $(NaPO_3)_6$、3g/L 的 NaOH 和 10mL/L 的 TEA 的镁合金微弧氧化溶液中，随着电流密度的增加，氧化膜的厚度增加的同时膜层不均匀性也增加；并且氧化膜表面放电孔洞直径和微裂纹宽度增加，P 含量增加，而 Ti 的含量略有降低；在电流密度为 $6A/dm^2$ 时氧化膜的耐腐蚀性较好。

第7章　结　　论

本书针对微弧氧化溶液组成展开研究，通过单因素和正交试验优选出了适用于铝合金的微弧氧化溶液；在此基础上，在溶液中分别加入预先制备好的钛和锆溶胶粒子，研究了它们的含量对铝合金表面微弧氧化膜形貌、成分及性能的影响，分析了溶胶粒子对氧化成膜过程的影响机制。进一步利用 Ti^{4+} 和 Zr^{4+} 容易水解的特点，通过微弧氧化溶液组分的设计，引入可溶性的钛酸盐和锆酸盐，使溶液中原位生成溶胶粒子；分别研究了钛酸盐和锆酸盐含量对铝合金和镁合金微弧氧化过程、膜层形貌、成分以及性能的影响；探讨了溶液中溶胶粒子的产生过程及其作用下微弧氧化膜层的形成机制，得到了以下主要结论。

（1）实验优化出铝合金微弧氧化溶液组成为 30g/L 的 Na_2SiO_3、20g/L 的 $(NaPO_3)_6$、8g/L 的 NaOH、10g/L 的 $Na_2B_4O_7$、2g/L 的 Na_2MoO_4 及 2g/L 的 Na_2EDTA；适宜的电参数为：电流密度 $10A/dm^2$，频率 200Hz，占空比 15%。

（2）钛溶胶的加入使铝合金微弧氧化膜颜色由灰变为黑色，厚度增加；氧化膜中孔洞数量和直径随着溶胶加入量的增加而增加；不含钛溶胶得到的氧化膜主要由 O、Al 和少量 P 构成，而含钛溶胶得到的氧化膜中含 Ti 和 Na，Ti、Na 和 P 的含量随溶胶含量增加而增加，试验发现，膜层中的 Ti 是以 Al_2TiO_5、Ti_2O_3 和 TiO 的形式存在；氧化膜的硬度随着溶胶加入量增加而先增加后减小，在含量为 6vol.%时氧化膜的硬度和耐磨性较好；经微弧氧化处理后，基材的抗拉强度和疲劳性能出现一定程度的降低。

（3）在铝合金微弧氧化溶液加入锆溶胶能增加微弧氧化膜的厚度，并且厚度随着加入量的增加先增加后减小，含量为 10vol.%时膜层厚度较大。微弧氧化过程中，锆溶胶参与氧化成膜，在膜层中以纳米 $t-ZrO_2$ 的形式存在；加入锆溶胶后，氧化膜表面粗糙度增加；膜层耐磨性随着锆溶胶含量的增加而先增加后减小，锆溶胶含量为 5vol.%氧化膜耐磨性较好。

（4）微弧氧化过程中，溶胶粒子在阳极表面附近形成聚集层，使微弧氧化过程中第一阶段（阳极氧化）电压增加速度提高；产生火花放电的初期，只有极少量的溶胶粒子能够进入膜层中；微弧放电阶段，溶胶粒子进入放电通道内，参与氧化成膜，增加氧化成膜速度，改变膜层的结构和组成。

（5）锆酸盐的加入，在溶液中原位产生了锆溶胶粒子，使微弧氧化膜的厚度增加，膜层均匀性提高，形成了 $\gamma-Al_2O_3/t-ZrO_2$ 纳米结构的复合膜层。另外，锆溶胶粒子可以提高氧化膜的耐磨性；但是，锆溶胶粒子导致氧化处理的铝合金基材抗拉强度和疲劳性能降低。

（6）钛酸盐的加入，在溶液中水解生成钛溶胶粒子使膜层的生长速度加快，并且膜层均匀性提高；在钛溶胶作用下，氧化膜层为黑色并且表面含有 Ti 元素，膜层中的 $\alpha-Al_2O_3$ 含量增加，从而提高了铝合金微弧氧化膜的耐腐蚀性和耐磨性能。

（7）镁合金微弧氧化溶液中加入钛酸盐，使氧化膜的厚度增加，表面的放电孔洞的直径呈现先减小而后增加的趋势；O 和 Ti 元素随着钛酸盐含量的增加而先增加之后又降低；Mg 元素的含量呈现先减小而后增加的趋势；Al 和 P 元素随着钛酸盐含量的增加而减少；K 和 F 元素的含量随着钛酸盐含量的增加而增加；在不含钛酸盐的基础溶液中得到的膜层主要由 MgO 以及非晶相组成，加入钛酸盐后，膜层中逐渐出现 Mg_2TiO_4、Mg_2PO_4F、MgF_2 以及锐钛矿 TiO_2 的衍射峰；耐腐蚀测试表明，微弧氧化溶液中钛酸盐的加入能够明显地提高膜层的耐腐蚀性，并且钛酸盐的含量为 8g/L 时膜层耐腐蚀性更好。

（8）不同的电流密度对镁合金进行微弧氧化处理，随着电流密度的增加，微弧氧化过程中电压的增加速率提高，得到的膜层厚度和不均匀性增加；随着电流密度的增加，膜层表面的放电孔洞直径和表面微裂纹的宽度增加；在电流密度为 $6A/dm^2$ 时膜层具有较好的耐腐蚀性能。

参 考 文 献

[1] Yerokhin A L, B X N, Leyland A, et al. Plasma electrolysis for surface engineering [J]. Surface and Coatings Technology, 1998, 122 (1): 73-93.

[2] Xue W B, Deng Z W, Chen R Y, et al. Growth regularity of ceramic coatings formed by microarc oxidation on Al-Cu-Mg alloy [J]. Thin Solid Films, 2000, 372 (1-2): 114-117.

[3] 薛文斌，邓志威，来永春，等. 有色金属表面微弧氧化技术评述 [J]. 金属热处理，2000，25 (1): 3-5.

[4] 丁志敏，陈凯敏，沈长斌，等. 微弧氧化处理对Q235钢电镀铝层相结构和性能的影响 [J]. 材料热处理学报，2008，29 (5): 169-172.

[5] 杨钟时，贾建峰，田军，等. 不锈钢表面 Al_2O_3 膜的微弧氧化制备 [J]. 无机材料学报，2004，19 (6): 1446-1450.

[6] Wang Y L, Jiang Z H, Yao Z P. Effects of Na_2WO_4 and Na_2SiO_3 additives in electrolytes on microstructure and properties of PEO coatings on Q235 carbon steel [J]. Journal of Alloys and Compounds, 2009, 481 (1-2): 725-729.

[7] 吴汉华. 铝、钛合金微弧氧化陶瓷膜的制备表征及其特性研究 [D]. 长春：吉林大学，2004：2-15.

[8] Kurze P, Krysmann W, Schreckenbach J, et al. Coloured ANOF layers on aluminium (pages 53-58) [J]. Crystal Research and Technology, 1987, 22 (1): 53-58.

[9] Kurze P, Krysmann W, Schneider H G. Applicatio ns fie lds of ANOF layers and composites [J]. Crystal Research and Technology, 1986, 21 (12): 1603-1609.

[10] 杨威. 反激式微弧氧化功率电源及其脉冲作用效能的研究 [D]. 哈尔滨：哈尔滨工业大学，2010：2-16.

[11] 陈小红，曾敏，曹彪. 微弧氧化电源的研究现状 [J]. 新技术新工艺，2008，28 (3): 87-89.

[12] 赵晖，朱其柱，金光，等. 负向电流密度对镁合金微弧氧化电压及陶瓷膜的影响 [J]. 特种铸造及有色合金，2010，30 (9): 800-803.

[13] 刘永珍，刘向东，王晓军，等. $NaOH-Na_2SiO_3-Na_2WO_4$ 体系下负向电压对ZAlSi12Cu2Mg1微弧氧化膜特性及组织的影响 [J]. 稀有金属材料与工程，2007，36 (S3): 134-137.

[14] 程海梅，宁成云，郑华德，等. 负向电压对纯钛微弧氧化膜层结构特征的影响 [J]. 稀有金属材料与工程，2009，38 (6): 1116-1118.

[15] 刘忠德，付华，孙茂坚，等. 负向电压对镁合金微弧氧化膜层的影响 [J]. 轻金属，2009，46 (4): 45-48.

[16] 陈宏，冯忠绪，郝建民，等. 负脉冲对铝合金微弧的影响 [J]. 长安大学学报（自然科学版），2007，27 (1): 96-98.

[17] 崔学军，李晓飞，李特，等. 负向电压对AZ31B镁合金表面微弧氧化膜结构和耐蚀性的影响 [J]，2016，36 (2): 137-142.

[18] 钟涛生，李小红，蒋百灵. 6061铝合金微弧氧化陶瓷层生长速度 [J]. 应用化学，2009，26 (6): 692-696.

[19] 王亚明. Ti6Al4V合金微弧氧化涂层的形成机制与摩擦学行为 [D]. 哈尔滨：哈尔滨工业大学，2006：4-15.

[20] Wang Y M, Jiang B L, Lei T Q, et al. Dependence of growth features of microarc oxidation coatings of titanium alloy on control modes of alternate pulse [J]. Materials Letters, 2004, 58 (12-13): 1907-1911.

[21] 李颂，刘耀辉，庞磊. 电源频率对铸铝合金微弧氧化陶瓷层的影响 [J]. 材料科学与工艺，2008，

16 (2): 287 - 289.

[22] 钟涛生，蒋百灵，李均明. 铝合金微弧氧化电流密度的临界条件研究 [J]. 材料保护，2005，38 (8): 16 - 18.

[23] 蒋百灵，李均明. 铝镁合金微弧氧化处理技术的工程应用 [J]. 新技术新工艺，2009，29 (2): 16 - 18.

[24] 杨凯，曹彪，丁理，等. 逆变式高频窄脉冲微弧氧化电源的设计 [J]. 华南理工大学学报（自然科学版），2014，42 (9): 18 - 23.

[25] Yerokhin A L，Voevodin A A，Lyubimov V V，et al. Plasma electrolytic fabrication of oxide ceramic surface layers for tribotechnical purposes on aluminium alloys [J]. Surface and Coatings Technology，1998，110 (3): 140 - 146.

[26] Snizhko L O，Yerokhin A L，Pilkington A，et al. Anodic processes in plasma electrolytic oxidation of aluminium in alkaline solutions [J]. Electrochimica Acta，2004，49: 2085 - 2095.

[27] Yerokhin A L，Nie X，Leyland，et al. Plasma electrolysis for surface engineering [J]. Surface and Coatings Technology，1999，122 (2 - 3): 73 - 93.

[28] Nie X，Leyland A，Song H W，et al. Thickness effects on the mechanical properties of micro-arc discharge oxide coatings on aluminium alloys [J]. Surface and Coatings Technology，1999，116 - 119 (1): 1055 - 1060.

[29] 龙北玉，吴汉华，龙北红，等. 电解液对铝合金微弧氧化陶瓷膜相组成和元素成分的影响 [J]. 吉林大学学报（理学版），2005，43 (01): 68 - 72.

[30] 熊仁章，盛磊，杨生荣，等. 添加剂对铝合金微弧氧化陶瓷涂层结构和耐磨性能的影响 [J]. 兵器材料科学与工程，2002，25 (03): 17 - 19.

[31] 刘彩文，刘向东，吕凯，等. 电解液成分在 ZAlSi12Cu2Mg1 微弧氧化膜形成中的作用 [J]. 特种铸造及有色合金，2008，28 (09): 725 - 727.

[32] 缪姚军，沈承金，王德奎. 添加剂对铝合金微弧氧化陶瓷膜耐磨性的影响 [J]. 热处理，2007，22 (05): 34 - 37.

[33] 蒋百灵，赵仁兵，梁戈，等. Na_2WO_4 对铝合金微弧氧化陶瓷层形成过程及耐磨性的影响 [J]. 材料导报，2006，20 (09): 155 - 157.

[34] 吴振东. 铝合金表面原位生长陶瓷膜及摩擦磨损与耐蚀研究 [D]. 哈尔滨：哈尔滨工业大学，2007: 7 - 11，54 - 86.

[35] Wu Z D，Yao Z P，Jiang Z H. Preparation and structure of microarc oxidation ceramic coatings containing ZrO_2 grown on LY12 Al alloy [J]. Rare Metals，2008，27 (1): 55 - 58.

[36] 夏永平，王淑艳，刘莉. 四硼酸钠对 AZ91D 镁合金微弧氧化膜特性的影响 [J]. 电镀与精饰，2012，34 (10): 1 - 5.

[37] Li J M，Cai H，Jiang B L. Growth mechanism of black ceramic layers formed by microarc oxidation [J]. Surface and Coatings Technology，2007，201 (21): 8702 - 8708.

[38] Mingqi Tang，Weiping Li，Huicong Liu，et al. Influence of K_2TiF_6 in electrolyte on characteristics of the microarc oxidation coating on aluminum alloy [J]. Current Applied Physics，2012，12 (5): 1259 - 1265.

[39] Mingqi Tang，Zaiqiang Feng，Gang Li，et al. High - corrosion resistance of the microarc oxidation coatings on magnesium alloy obtained in potassium fluotitanate electrolytes [J]. Surface & Coatings Technology，2015，264: 105 - 113.

[40] Arrabal R，Pardo A，Merino M C，et al. Corrosion behaviour of a magnesium matrix composite with a silicate plasma electrolytic oxidation coating [J]. Corrosion Science，2010，52 (11): 3738 - 3749.

[41] Shi P，Ng W F，Wong M H，et al. Improvement of corrosion resistance of pure magnesium in

Hanks' solution by microarc oxidation with sol-gel TiO_2 sealing [J]. Journal of Alloys and Compounds, 2009, 469 (1-2): 286-292.

[42] Liang J, Guo B G, Tian J, et al. Effects of $NaAlO_2$ on structure and corrosion resistance of microarc oxidation coatings formed on AM60B magnesium alloy in phosphate-KOH electrolyte [J]. Surface and Coatings Technology, 2005, 199 (2-3): 121-126.

[43] Chen F, Zhou H, Yao B, et al. Corrosion resistance property of the ceramic coating obtained through microarc oxidation on the AZ31 magnesium alloy surfaces [J]. Surface and Coatings Technology, 2007, 201 (9-11): 4905-4908.

[44] 钱思成，刘贵昌. 电参数对纯铝微弧氧化膜结构及性能的影响 [J]. 材料导报, 2007, 21 (S3): 263-266.

[45] 马颖，冯君艳，马跃洲，等. 镁合金微弧氧化膜耐蚀性表征方法的对比研究 [J]. 中国腐蚀与防护学报, 2010, 30 (6): 442-448.

[46] Srinivasan P B, Liang J, Balajeee R G, et al. Effect of pulse frequency on the microstructure, phase composition and corrosion performance of a phosphate-based plasma electrolytic oxidation coated AM50 magnesium alloy [J]. Applied Surface Science, 2010, 256 (12): 3928-3935.

[47] Laleh M, Rouhaghdam A S, Shahrabi T, et al. Effect of alumina sol addition to micro-arc oxidation electrolyte on the properties of MAO coatings formed on magnesium alloy AZ91D [J]. Journal of Alloys and Compounds, 2010, 496 (1-2): 548-552.

[48] Duan H P, Yan C W, Wang F H. Effect of electrolyte additives on performance of plasma electrolytic oxidation films formed on magnesium alloy AZ91D [J]. Electrochemical acta, 2007, 52 (11): 3785-3793.

[49] Gnedenkov S V, Khrisanfova O A, Zavidnaya A G, et al. PEO coatings obtained on an Mg-Mn type alloy under unipolar and bipolar modes in silicate-containing electrolytes [J]. Surface and Coatings Technology, 2010, 204 (14): 2316-2322.

[50] Ghasemi A, Raja V S, Blawert C, et al. The role of anions in the formation and corrosion resistance of the plasma electrolytic oxidation coatings [J]. Surface and Coatings Technology, 2010, 204 (9-10): 1469-1478.

[51] Sun X T, Jiang Z H, Yao Z P, et al. The effects of anodic and cathodic processes on the characteristics of ceramic coatings formed on titanium alloy through the MAO coating technology [J]. Applied Surface Science, 2005, 252 (2): 441-447.

[52] Mu W Y, Han Y. Characterization and properties of the MgF_2/ZrO_2 composite coatings on magnesium prepared by micro-arc oxidation [J]. Surface and Coatings Technology, 2008, 202 (17): 4278-4284.

[53] Liang J, Hu L T, Hao J C. Preparation and characterization of oxide films containing crystalline TiO_2 on magnesium alloy by plasma electrolytic oxidation [J]. Electrochemical acta, 2007, 52 (14): 4836-4840.

[54] Arrabal R, Matykina E, Skeldon P, et al. Incorporation of zirconia particles into coatings formed on magnesium by plasma electrolytic oxidation [J]. Journal of Materials Science, 2008, 43 (5): 1532-1538.

[55] Liang J, Srinivasan P B, Blawert C, et al. Comparison of electrochemical corrosion behaviour of MgO and ZrO_2 coatings on AM50 magnesium alloy formed by plasma electrolytic oxidation [J]. Corrosion Science, 2009, 51 (10): 2483-2492.

[56] 韩荣第，裘建军. 回归设计铝合金 7075 微弧氧化形膜控制及膜特性 [J]. 南京航空航天大学学报, 2005, 37 (S1): 125-129.

[57] 鲍爱莲，刘万辉. 铝合金表面微弧氧化陶瓷层耐磨性 [J]. 表面技术，2007，36 (6)：48-49.

[58] Habazaki H, Onodera T, Fushimi K, et al. Spark anodizing of beta-Ti alloy for wear-resistant coating [J]. Surface and Coatings Technology, 2007, 201 (21): 8730-8737.

[59] Srinivasan P B, Liang J, Blawert C, et al. Dry sliding wear behaviour of magnesium oxide and zirconium oxide plasma electrolytic oxidation coated magnesium alloy [J]. Applied Surface Science, 2010, 256 (10): 3265-3273.

[60] Curran J A, Clyne T W. Thermo-physical properties of plasma electrolytic oxide coatings on aluminium [J]. Surface and Coatings Technology, 2005, 199 (2-3): 168-176.

[61] Cheng S, Wei D Q, Zhou Y. Formation and structure of sphene/titania composite coatings on titanium formed by a hybrid technique of microarc oxidation and heat-treatment [J]. Applied Surface Science, 2011, 257 (8): 3404-3411.

[62] Wang Z J, Wu L N, Qi Y L, et al. Self-lubricating Al_2O_3/PTFE composite coating formation on surface of aluminium alloy [J]. Surface and Coatings Technology, 2010, 204 (20): 3315-3318.

[63] Zheng H Y, Wang Y K, Li B S, et al. The effects of Na_2WO_4 concentration on the properties of microarc oxidation coatings on aluminum alloy [J]. Materials Letters, 2005, 59 (2-3): 139-142.

[64] Luo Z Z, Zhang Z Z, Liu W M, et al. Tribological properties of solid lubricating film/microarc oxidation coating on Al alloys [J]. Transactions of Nonferrous Metals Society of China, 2005, 15 (6): 1231-1236.

[65] Xiangqing Wu, Faqin Xie, Zongchun Hu, et al. Effects of additives on corrosion and wear resistance of micro-arc oxidation coatings on TiAl alloy [J]. Transactions of Nonferrous Metals Society of China, 2010 (6): 1032-1036.

[66] Wu X, Qin W, Guo Y, et al. Self-lubricative coating grown by micro-plasma oxidation on aluminum alloys in the solution of aluminate-graphite [J]. Applied Surface Science, 2008, 254 (20): 6395-6399.

[67] Curran J A, Clyne T W. The thermal conductivity of plasma electrolytic oxide coatings on aluminium and magnesium [J]. Surface and Coatings Technology, 2005, 199 (2-3): 177-183.

[68] Chigrinova N M, Chigrinov V E, Kukharev A A. The heat protection of highly forced diesel pistons by anodic microarc oxide coating [J]. Protection of Metals, 2000, 36 (3): 269-274.

[69] 王玉林，沈德久. 铝材微弧氧化陶瓷膜的电绝缘性 [J]. 轻合金加工技术，2001，29 (10)：34-35.

[70] 何剑，蔡启舟，骆海贺，等. 电解液组成对纯钛微弧氧化膜结构及光催化活性的影响 [J]. 稀有金属材料与工程，2009，38 (5)：794-798.

[71] 何剑，蔡启舟，肖枫，等. 微弧氧化法制备 WO_3/TiO_2 复合薄膜的结构及光催化性能 [J]. 催化学报，2009，30 (11)：1137-1142.

[72] Weiping Li, Mingqi Tang, Liqun Zhu, et al. Formation of microarc oxidation coatings on magnesium alloy with photocatalytic performance [J]. Applied Surface Science, 2012, 258 (24): 10017-10021.

[73] Mingqi Tang, Gang Li, Weiping Li, et al. Photocatalytic performance of magnesium alloy microarc oxides [J]. Journal of Alloys and Compounds, 2013, 562: 84-89.

[74] Vijh A K. Sparking voltages and side reactions during anodization of valve metals interms of electron tunneling. [J]. Corrosion Science, 1971, 11 (6): 411-417.

[75] Van T B. Mechanism of Anodic Spark Deposition [J]. Am Ceram Soc Bulletin, 1977, 56 (6): 563-566.

[76] Ikonopisov S, Girgnivv A, Machkova A. Post-breakdown anodization of Aluminum [J]. Electrochemical acta, 1977, 22 (1): 1283-1286.

[77] Ikonopisov S, Girgnivv A, Machkova A. Theory of Electrical Breakdown burins Formation of Bar-

rier Anodic Films. [J]. Electrochemical acta, 1977, 22 (10): 1077-1082.

[78] Ikonopisov S. Theory of electrical breakdown during formation of barrier anodic films [J]. Electrochemical acta, 1977, 22 (10): 1077-1082.

[79] Albella J M, Montero I, Martinez-Duart J M. A theory of avalanche breakdown during anodic oxidation [J]. Electrochemical acta, 1987, 32 (2): 255-258.

[80] Yerokhin A L, Snizhko L O, Gurevina N L, et al. Discharge characterization in plasma electrolytic oxidation of aluminium [J]. Journal of Physics D: Applied Physics, 2003, 36 (17): 2110-2120.

[81] 郑宏晔，王永康，曹立，等. Na_2WO_4 对铝合金表面微弧氧化陶瓷层性能的影响 [J]. 浙江大学学报（工学版），2005，39（5）：742-745.

[82] 吴向清，张军，王立，等. 添加剂对 TiAl 合金微弧氧化膜耐磨性的影响 [J]. 材料导报，2009，23（10）：8-10.

[83] 李光岩，王从曾，张连宝. 添加 Na_2WO_4 对镁合金微弧氧化陶瓷层成分及结构的影响 [J]. 金属热处理，2007，32（4）：58-60.

[84] Ding J, Liang J, Hu L T, et al. Effects of sodium tungstate on characteristics of microarc oxidation coatings formed on magnesium alloy in silicate-KOH electrolyte [J]. Transactions of Nonferrous Metals Society of China, 2007, 17 (2): 244-249.

[85] 陈保廷，李鹏飞，郭锋. Nd 对镁合金微弧氧化陶瓷层厚度及表观质量的影响 [J]. 表面技术，2009，38（3）：20-22.

[86] 王颖辉，刘向东，张雅萍，等. 含 Li_2CO_3 的电解液中形成 ZAlSi12Cu2Mg1 合金微弧氧化膜的表征 [J]. 稀有金属材料与工程，2010，39（S1）：809-813.

[87] Liang J, Guo B G, Tian J, et al. Effect of potassium fluoride in electrolytic solution on the structure and properties of microarc oxidation coatings on magnesium alloy [J]. Applied Surface Science, 2005, 252 (2): 345-351.

[88] Li W, Zhu L, Li Y, et al. Growth characterization of anodic film on AZ91D magnesium alloy in an electrolyte of Na, SiO, and KF [J]. Journal of University of Science and Technology Beijing, 2006, 13 (5): 450-455.

[89] 梁戈，赵仁兵，蒋百灵. 电解液参数对铝合金微弧氧化黑色陶瓷膜性能的影响 [J]. 材料热处理学报，2006，27（5）：91-94.

[90] Li J M, Cai H, Jiang B L. Growth mechanism of black ceramic layers formed by microarc oxidation [J]. Surface and Coatings Technology, 2007, 201 (21): 8702-8708.

[91] 马颖，剡晓旭，王晟，等. 偏钒酸铵对镁合金微弧氧化着色膜的影响 [J]. 兰州理工大学学报，2016，42（6）：1-4.

[92] 张苏雅，蒋百灵，房爱存. 草酸钛钾在铝合金微弧氧化过程中的着色机制 [J]，2015，28（1）：90-95.

[93] 吴振东，姜兆华，姚忠平，等. LY12 铝合金微弧氧化黑色陶瓷膜结构及耐腐蚀性研究 [J]. 稀有金属材料与工程，2007，36（S2）：687-689.

[94] 崔联合，张军，曹红卫. 6061 铝合金微弧氧化着色工艺研究 [J]. 表面技术，2011，40（1）：93-95.

[95] 崔作兴，王彩丽，邵忠财，等. 铝合金黄色微弧氧化膜的制备及其性能 [J]. 材料保护，2009，42（6）：4-6.

[96] 唐辉，于德珍，王福平，等. 硫酸亚铁浓度对 TA2 纯钛微弧氧化膜层颜色的影响 [J]. 金属热处理，2009，34（7）：21-23.

[97] 金光，李玉海，张罡，等. LY12 铝合金天蓝色微弧氧化膜层的制备及其耐磨性能 [J]. 金属热处理，2009，34（5）：61-63.

[98] 夏浩，占稳，欧阳贵. 醋酸镍对 AZ63B 镁合金微弧氧化膜耐蚀性的影响 [J]. 电镀与环保，2012，

32 (3): 43-45.

[99] 乌迪，刘向东，吕凯，等. 丙三醇对镁合金微弧氧化过程及膜层的影响 [J]. 材料保护，2009，42 (2): 1-3.

[100] Wu D, Liu X D, Lu K, et al. Influence of $C_3H_8O_3$ in the electrolyte on characteristics and corrosion resistance of the microarc oxidation coatings formed on AZ91D magnesium alloy surface [J]. Applied Surface Science, 2009, 255 (16): 7115-7120.

[101] 刘彩文，刘向东. $C_3H_8O_3$ 在 ZAlSi12Cu2Mg1 微弧氧化膜形成中作用机理的研究 [J]. 功能材料，2012，43 (19): 2705-2709.

[102] 龙迎春，李文芳，张果戈，等. 添加剂 $C_6H_{12}N_4$ 对 6063 铝合金微弧氧化黑色陶瓷膜结构与性能的影响 [J]. 中国腐蚀与防护学报，2012，32 (5): 388-492.

[103] 杨潇薇，王桂香，董国君，等. 植酸对镁-锂合金阳极氧化膜的影响 [J]. 电镀与环保，2010，30 (2): 33-36.

[104] Zhang R F, Zhang S F, Duo S W. Influence of phytic acid concentration on coating properties obtained by MAO treatment on magnesium alloys [J]. Applied Surface Science, 2009, 255 (18): 7893-7897.

[105] Zhang S F, Zhang R F, Li W K, et al. Effects of tannic acid on properties of anodic coatings obtained by microarc oxidation on AZ91 magnesium alloy [J]. Surface and Coatings Technology, 2012, 207: 170-176.

[106] Liu Yuping, Zhang Dingfei, Chen Changguo, et al. Adsorption orientation of sodium of polyaspartic acid effect on anodic films formed on magnesium alloy [J]. Applied Surface Science, 2011, 257: 7579-7585.

[107] 屠晓华，陈利，吴建一. 葡萄糖对镁合金阳极氧化膜性能的影响 [J]，中国有色金属学报，2013，23 (3): 727-734.

[108] Yabuki A, Sakai M. Anodic films formed on magnesium in organic, silicate-containing electrolytes [J]. Corrosion Science, 2009, 51 (4): 793-798.

[109] 高殿奎，姜桂荣，王玉林. 铝合金微弧氧化陶瓷层石墨相的形成及作用 [J]. 表面技术，2001，30 (4): 28-29.

[110] Lv G H, Chen H, Gu W C, et al. Effects of graphite additives in electrolytes on the microstructure and corrosion resistance of Alumina PEO coatings [J]. Current Applied Physics, 2009, 9 (2): 324-328.

[111] Wu X H, Qin W, Guo Y, et al. Self-lubricative coating grown by micro-plasma oxidation on aluminum alloys in the solution of aluminate-graphite [J]. Applied Surface Science, 2008, 254 (20): 6395-6399.

[112] Malyshev V N, Zorin K M. Features of microarc oxidation coatings formation technology in slurry electrolytes [J]. Applied Surface Science, 2007, 254 (5): 1511-1516.

[113] Matykina E, Arrabal R, Skeldon P, et al. Incorporation of zirconia nanoparticles into coatings formed on aluminium by AC plasma electrolytic oxidation [J]. Journal of Applied Electrochemistry, 2008, 38 (10): 1375-1383.

[114] Matykina E, Arrabal R, Monfort F, et al. Incorporation of zirconia into coatings formed by DC plasma electrolytic oxidation of aluminium in nanoparticle suspensions [J]. Applied Surface Science, 2008, (255): 2830-2839.

[115] Arrabal R, Matykina E, Viejo F, et al. AC plasma electrolytic oxidation of magnesium with zirconia nanoparticles [J]. Applied Surface Science, 2008, 254 (21): 6938-6942.

[116] Arrabal R, Matykina E, Skeldon P, et al. Incorporation of zirconia particles into coatings formed on

magnesium by plasma electrolytic oxidation [J]. Journal of Materials Science, 2008, 43: 1532-1538.

[117] 马世宁，索相波，邱骥，等. 纳米 SiO_2 复合对铝合金表面微弧氧化层生长动力学的影响 [J]. 航空材料学报，2012，32 (1)：68-71.

[118] 崔学军，杨瑞嵩，李明田. 纳米 Al_2O_3 掺杂 AZ31B 镁合金表面微弧氧化膜的结构与性能 [J]. 中国腐蚀与防护学报，2016，36 (1)：73-78.

[119] Shu-yan Wang, Nai-chao Si, Yong-ping Xia, et al. Influence of nano-SiC on microstructure and property of MAO coating formed on AZ91D magnesium alloy [J]. Trans. Nonferrous Met. Soc. China, 2015, 25: 1926-1934.

[120] Xijin Li, Ben Li Luan. Discovery of Al_2O_3 particles incorporation mechanism in plasma electrolytic oxidation of AM60B magnesium alloy [J]. Materials Letters, 2012, 86: 88-91.

[121] 杨晓飞，田林海，曹盛，等. 纳米 TiO_2 掺杂对 AZ91D 镁合金微弧氧化膜形貌及性能的影响 [J]. 机械工程材料，2013，37 (10)：79-83.

[122] Weiping Li, Mingqi Tang, Liqun Zhu, et al. Formation of microarc oxidation coatings on magnesium alloy with photocatalytic performance [J]. Applied Surface Science, 2012, 258 (24): 10017-10021.

[123] 黄剑锋. 溶胶-凝胶原理与技术 [M]. 北京：化学工业出版社，2005.

[124] 刘慧丛，朱立群，杜岩滨. 溶胶-凝胶法制备薄膜材料抗高温氧化性能研究 [J]. 材料热处理学报，2004，25 (4)：77-81.

[125] Hamdy A S. A clean low cost anti-corrosion molybdate based nano-particles coating for aluminum alloys [J]. Progress in Organic Coatings, 2006, 56 (2-3): 146-150.

[126] 王青，张嵩波，戴剑锋，等. TiO_2-ZnO 复合薄膜的制备及光致双亲性能 [J]. 硅酸盐学报，2009，37 (5)：788-791.

[127] Ivanova T, Harizanova A, Koutzarova T, et al. Electrochromic TiO_2, ZrO_2 and TiO_2-ZrO_2 thin films by dip-coating method [J]. Materials Science and Engineering B, 2009, 165 (3): 212-216.

[128] 周鸣鸽，战可涛. 溶胶-凝胶法制备掺铝氧化锌透明导电膜的正交实验研究 [J]. 北京化工大学学报，2009，36 (3)：71-74.

[129] 洪海云，陈贻炽，朱立群. 钛基体上氧化铝膜层的耐高温和耐腐蚀性能研究 [J]. 材料保护，2005，38 (6)：18-20.

[130] 朱立群，刘慧丛. 溶胶成分对镁合金阳极氧化膜层的影响研究 [J]. 功能材料，2005，36 (6)：923-926.

[131] Li W P, Zhu L, Liu H. Effects of silicate concentration on anodic films formed on AZ91D magnesium alloy in solution containing silica sol [J]. Surface and Coatings Technology, 2006, 201 (6): 2505-2511.

[132] Weiping L, Liqun Z, Yihong L. Electrochemical oxidation characteristic of AZ91D magnesium alloy under the action of silica sol [J]. Surface and Coatings Technology, 2006, 201 (3-4): 1085-1092.

[133] Li W, Zhu L, Liu H. Preparation of hydrophobic anodic film on AZ91D magnesium alloy in silicate solution containing silica sol [J]. Surface and Coatings Technology, 2006, 201 (6): 2573-2577.

[134] Zhu L, Li Y, Li W. Influence of silica sol particle behavior on the magnesium anodizing process with different anions addition [J]. Surface and Coatings Technology, 2008, 202 (24): 5853-5887.

[135] 李卫平. 溶胶作用下镁合金表面阳极氧化和阴极电沉积的生长机制 [D]. 北京：北京航空航天大学，2006：67-98.

[136] Liang J, Hu L T, Hao J C. Preparation and characterization of oxide films containing crystalline TiO_2 on magnesium alloy by plasma electrolytic oxidation [J]. Electrochimica Aata, 2007, 52 (14): 4836-4840.

[137] Srinivasan P B, Liang J, Blawert C, et al. Development of decorative and corrosion resistant plasma electrolytic oxidation coatings on AM50 magnesium alloy [J]. Surface Engineering, 2010, 26 (5): 367-370.

[138] 于松楠，吴汉华，陈根余，等. Al $(OH)_3$ 溶胶浓度对 TC_4 钛合金微弧氧化膜特性的影响 [J]. 物理学报，2011，60 (2)：729-733.

[139] 姚晓红，谢鹏华，孙永花，等. 微弧氧化电解液中加入 Al_2O_3 胶体对 AZ91D 复合陶瓷层性能的影响 [J]. 稀有金属材料与工程，2016，45 (8)：2092-2097.

[140] 贾鸣燕，王振文，刘颖，等. 铝溶胶对镁锂合金微弧氧化膜耐蚀性的影响 [J]. 电镀与环保，2014，34 (4)：42-46.

[141] 王晓芳，李卫平，刘慧丛，等. 锆溶胶对铝合金微弧氧化过程的影响 [J]. 中国有色金属学报，2013，23 (1)：56-62.

[142] Yerokhin A L, Lyubimov V V, Ashitkov R V. Phase formation in ceramic coatings during plasma electrolytic oxidation of aluminium alloys [J]. Ceramics International, 1998, 24 (1): 1-6.

[143] 赵坚，宋仁国，李红霞，等. Na_2SiO_3 浓度对 6063 铝合金微弧氧化层组织与性能的影响 [J]. 材料热处理学报，2010，31 (1)：146-149.

[144] 于凤荣，吴汉华，龙北玉，等. 处理液浓度对铝合金微弧氧化陶瓷膜成膜速率和硬度的影响 [J]. 吉林大学学报（理学版），2005，43 (6)：133-137.

[145] 龙北玉，吴汉华，龙北红，等. 电解液对铝合金微弧氧化陶瓷膜相组成和元素成分的影响 [J]. 吉林大学学报（理学版），2005，43 (1)：68-72.

[146] 钱思成，刘贵昌. 电解液对铝微弧氧化膜相结构及性能的影响 [J]. 材料保护，2008，22 (3)：37-39.

[147] 吴汉华，汪剑波，龙北玉，等. 电流密度对铝合金微弧氧化膜物理化学特性的影响 [J]. 物理学报，2005，54 (12)：233-239.

[148] 郭锋，刘荣明，李鹏飞. 电压参数对铝合金微弧氧化陶瓷层相组成的影响 [J]. 金属热处理，2007，32 (10)：38-40.

[149] Hussein R O, Nie X, Northwood D O, et al. Spectroscopic study of electrolytic plasma and discharging behaviour during the plasma electrolytic oxidation (PEO) process [J]. Journal of Physics D-Applied Physics, 2010, 43 (10): 105203-105216.

[150] Guo H F, An M Z, Huo H B, et al. Microstructure characteristic of ceramic coatings fabricated on magnesium alloys by micro-arc oxidation in alkaline silicate solutions [J]. Applied Surface Science, 2006, 252 (22): 7911-7916.

[151] 张小平. 胶体、界面与吸附教程 [M]. 广州：华南理工大学出版社，2008.

[152] 沈钟，赵振国，王果庭. 胶体与表面化学（第三版）[M]. 北京：化学工业出版社，2004.

[153] Kovács K, Perczel I V, Josepovits V K, et al. In situ surface ananlytical investigation of the thermal oxidation of Ti-Al intermetallics up to 1000℃ [J]. Applied surface Science, 2000, 200 (1-4): 185-195.

[154] Vesel A, Mozetic M, Kovac J, et al. XPS study of the deposited Ti layer in a magnetron-type sputter ion pump [J]. Applied surface Science, 2006, 253 (5): 2941-2946.

[155] Milošev I, Kosec T, Strehblow H H. XPS and EIS study of the passive film formed on orthopaedic Ti-6Al-7Nb alloy in Hank's physiological solution [J]. Electrochimica Acta, 2008, 53 (9): 3547-3558.

[156] Reddy B M, Chowdhury B, Reddy E P, et al. An XPS study of dispersion and chemical state of MoO_3 on $Al_2O_3-TiO_2$ binary oxide support [J]. Applied Catalysis A: General, 2001, 213 (2): 279-288.

[157] 薛文斌，邓志威，陈如意，等. 铝合金微弧氧化膜与基体界面区的硬度和弹性模量分布 [J]. 金属学报，1999，35 (6)：638-642.

[158] 薛文斌，王超，陈如意，等. ZL101 铸造铝合金微弧氧化陶瓷层的组织和性能 [J]. 金属热处理学报，2003，28 (2)：20-23.

[159] Xue W，Deng Z，Lai Y，et al. Analysis of Phase Distribution for Ceramic Coatings Formed by Microarc Oxidation on Aluminum Alloy [J]. Journal American Ceramic Society，1998，81 (5)：1365-1368.

[160] Yerokhin A L，Shatrov A，Samsonov V，et al. Oxide ceramic coatings on aluminium alloys produced by a pulsed bipolar plasma electrolytic oxidation process [J]. Surface and Coatings Technology，2005，199 (2-3)：150-157.

[161] Mane R S，Joo O S，Lee W J，et al. Unprecedented coloration of rutile titanium dioxide nanocrystalline thin films [J]. Micron，2007，38 (1)：85-90.

[162] Srinivasan P B，Liang J，Blawert C，et al. Development of decorative and corrosion resistant plasma electrolytic oxidation coatings on AM50 magnesium alloy [J]. Surface Engineering，2010，26 (5)：367-370.

[163] Guo H F，An M Z. Growth of ceramic coatings on AZ91D magnesium alloys by micro-arc oxidation in aluminate-fluoride solutions and evaluation of corrosion resistance [J]. Applied Surface Science，2005，246 (1-3)：229-238.

[164] 薛文斌，蒋兴莉，杨卓，等. 6061 铝合金微弧氧化陶瓷膜的生长动力学及性能分析 [J]. 功能材料，2008，39 (4)：603-606.

[165] 梁戈，张亚娟，林敏. 微弧氧化处理 LD10 铝合金的疲劳特性 [J]. 材料热处理学报，2010，31 (2)：123-127.

[166] 文磊，王亚明，周玉，等. LY12 铝合金微弧氧化涂层组织结构对基体疲劳性能的影响 [J]. 稀有金属材料与工程，2009，38 (S2)：747-750.

[167] Lonyuk B，Apachitei I，Duszczyk J. The effect of oxide coatings on fatigue properties of 7475-T6 aluminium alloy [J]. Surface and Coatings Technology，2007，201 (21)：8688-8694.

[168] 沈阳，阮玉忠，于岩，等. 氧化钒对钛酸铝材料结构及性能的影响 [J]. 材料热处理学报，2008，29 (5)：69-72.

[169] Innocenzia P，Martucci A，Armelao L. Low temperature synthesis of MgxAl2(1－x) Ti(1＋x) O5 films by sol-gel processing [J]. Journal of the European Ceramic Society，2005，25 (16)：3587-3591.

[170] 傅献彩，沈文霞，姚天杨，等. 物理化学 [M]. 北京：高等教育出版社，2010.

[171] 伊赫桑·巴伦. 纯物质热化学数据手册 [M]. 北京：科学出版社，2003.

[172] 吴振东，姜兆华，姚忠平，等. 反应时间对 LY12 铝合金微弧氧化膜层组织及性能的影响 [J]. 无机材料学报，2007，22 (3)：555-559.

[173] Matykina E，Arrabal R，Skeldon P，et al. Incorporation of zirconia nanoparticles into coatings formed on aluminium by AC plasma electrolytic oxidation [J]. Journal of Applied Electrochemistry，2008，38 (10)：1375-1383.

[174] 郑昌琼，冉均国. 新型无机材料 [M]. 北京：科学出版社，2003.

[175] 张金升，王美婷，许凤秀. 先进陶瓷导论 [M]. 北京：化学工业出版社，2007.

[176] Zhendong W，Zhongwen Y，Fangzhou J，et al. Structure and Property of Micro Arc Oxidation Ceramic Coatings on Al Alloy in K_2ZrF_6 Solution [J]. Advanced Materials Research，2010，105-106 (5)：505-508.

[177] 王文礼，陈宏，王文. AM60 压铸镁合金表面 ZrO_2 微弧氧化陶瓷层的制备方法研究 [J]. 热加

工工艺，2009，38（22）：123－125.

[178] Rudnev V S，Yarovaya T P，Boguta D L，et al. Anodic spark deposition of P，Me（Ⅱ）or Me（Ⅲ）containing coatings on aluminium and titanium alloys in electrolytes with polyphosphate complexes [J]. Journal of Electroanalytical Chemistry，2001，497（1－2）：150－158.

[179] Wang Z J，Wu L N，Cai W，et al. Effects of fluoride on the structure and properties of microarc oxidation coating on aluminium alloy [J]. Journal of Alloys and Compounds，2010，505（1）：188－193.

[180] 陈海涛，马跃洲，张昌青，等. 镁合金微弧氧化过程中局部烧蚀现象的研究 [J]. 表面技术，2008，37（1）：21－24.

[181] Liang S，Chen M，Xue Q. Deposition behaviors and patterning of TiO_2 thin films on different SAMs surfaces from titanium sulfate aqueous solution [J]. Colloids and Surfaces A：Physicochem. Eng. Aspects，2008，324（1－3）：137－142.

[182] 陈洪龄，王延儒，时钧. 四氯化钛络合法制备单分散纳米二氧化钛 [J]. 无机材料学报，2002，17（149－153）.

[183] Li W，Zhu L，Li Y，et al. Growth characterization of anodic film on AZ91D magnesium alloy in an electrolyte of Na，SiO，and KF [J]. Journal of University of Science and Technology Beijing，2006，13（5）：450－455.

[184] Sundararajan G，Krishna L R. Mechanisms underlying the formation of thick alumina coatings through the MAO coating technology [J]. Surface and Coatings Technology，2003，167（2－3）：269－277.

[185] Wang C，Zhang D，Jiang Y. Growth process and wear resistance for ceramic coatings formed on Al－Cu－Mg alloy by micro-arc oxidation [J]. Applied Surface Science，2006，256（2）：674－678.

[186] Srinivasan P B，Liang J，Balajeee R G，et al. Effect of pulse frequency on the microstructure，phase composition and corrosion performance of a phosphate-based plasma electrolytic oxidation coated AM50 magnesium alloy [J]. Applied Surface Science，2010，256（12）：3928－3935.

[187] Gray J E，Luan B. Protective coatings on magnesium and its alloys—a critical review [J]. Journal of Alloys and Compounds，2002，336（1－2）：88－113.

[188] Srinivasan P B，Liang J，Balajeee R G，et al. Effect of pulse frequency on the microstructure，phase composition and corrosion performance of a phosphate-based plasma electrolytic oxidation coated AM50 magnesium alloy [J]. Applied Surface Science，2010，256（12）：3928－3935.

[189] Yao Z P，Gao H H，Jiang Z H，et al. Structure and properties of ZrO_2 ceramic coatings on AZ91D Mg alloy by plasma electrolytic oxidation [J]. Journal of the American Cermic Society，2008，91（2）：555－558.

[190] 熊仁章，盛磊，杨生荣，等. 添加剂对铝合金微弧氧化陶瓷涂层结构和耐磨性能的影响 [J]. 兵器材料科学与工程，2002，25（3）：17－18.

[191] Jun D，Jun L，Litian H，et al. Effects of sodium tungstate on characteristics of microarc oxidation coatings formed on magnesium alloy in silicate－KOH electrolyte [J]. Transactions of Nonferrous Metals Society of China，2007，17（5）：244－249.

[192] Wang L，Chen L，Yan Z C，et al. Effect of potassium fluoride on structure and corrosion resistance of plasma electrolytic oxidation films formed on AZ31 magnesium alloy [J]. Journal of Alloys and compounds，2009，480（2）：469－474.

[193] Liu F，Shimizu T. Effects of $NaAlO_2$ concentrations on structure and characterization of micro-arc oxidation coatings formed on biomedical NiTi alloy [J]. Journal of the Cermic Society Japan，2010，118（1374）：113－117.

[194] Yonghao Gao, Aleksey Yerokhin, Allan Matthews. Effect of current mode on PEO treatment of magnesium in Ca - and P - containing electrolyte and resulting coatings [J]. Applied Surface Science, 2014, 316: 558 - 567.

[195] Bala Srinivasan P, Liang J, Balajeee R G, et al. Effect of current density on the microstructure and corrosion behaviour of plasma electrolytic oxidation treated AM50 magnesium alloy [J]. Applied Surface Science, 2009, 255 (7): 4212 - 4218.